이정모의 **공룡과 자연사**

과학하고 앉아있네 01
이정모의 공룡과 자연사

© 원종우·이정모, 2015. Printed in Seoul, Korea.

초판 1쇄 펴낸날 2015년 1월 20일
초판 6쇄 펴낸날 2020년 2월 26일
지은이   원종우·이정모
펴낸이   한성봉
편집   안상준·강태영
디자인   김숙희
본문삽화   박종훈
마케팅   박신용·강은혜
경영지원   국지연
펴낸곳   도서출판 동아시아
등록   1998년 3월 5일 제1998-000243호
주소   서울시 중구 소파로 131 [남산동 3가 34-5]
페이스북   www.facebook.com/dongasiabooks
전자우편   dongasiabook@naver.com
블로그   blog.naver.com/dongasiabook
인스타그램 www.instagram.com/dongasiabook
전화   02) 757-9724, 5
팩스   02) 757-9726
ISBN   978-89-6262-093-1 04400
                978-89-6262-092-4 (세트)

이 도서의 국립중앙도서관 출판예정도서목록(CIP)은
서지정보유통지원시스템 홈페이지(http://seoji.nl.go.kr)와
국가자료공동목록시스템(http://www.nl.go.kr/kolisnet)에서
이용하실 수 있습니다. (CIP제어번호 : CIP2015001360)

과학하고 앉아있네

파토 원종우의 과학 전문 팟캐스트

01

이정모의
공룡과 자연사

| 원종우·이정모 지음 |

동아시아

과학전문 팟캐스트 방송 〈과학하고 앉아있네〉는 '과학과 사람들'이 만드는 프로그램입니다. '과학과 사람들'은 과학 강의나 강연 등등 프로그램과 이벤트와 같은 과학 전반에 걸친 이런저런 일을 하기 위해 만든 단체입니다. 과학을 해석하고 의미를 부여하는 "과학과 인문학의 만남"을 이야기하는 것이 바로 〈과학하고 앉아있네〉의 주제입니다.

사회자
원종우

딴지일보 논설위원이라는 직함도 갖고 있다. 대학에서는 철학을 전공했고 20대에는 록 뮤지션이자 음악평론가였고, 30대에는 딴지일보 기자이자 SBS에서 다큐멘터리를 만들었다. 2012년에는 『조금은 삐딱한 세계사: 유럽편』이라는 역사책, 2014년에는 『태양계 연대기』라는 SF와 『파토의 호모 사이언티피쿠스』라는 과학책을 내기도 한 전방위적인 인물이다. 과학을 무척 좋아했지만 수학을 못해서 과학자가 못 됐다고 하니 과학에 대한 애정은 원래 있었던 듯하다. 40대 중반의 나이임에도 꽁지머리를 해서 멀리서도 쉽게 알아볼 수 있다. 과학 콘텐츠 전문 업체 '과학과 사람들'을 이끌면서 인기 과학 팟캐스트 〈과학하고 앉아있네〉와 더불어 한 달에 한 번 국내 최고의 과학자들과 함께 과학 토크쇼 〈과학같은 소리하네〉 공개방송을 진행한다. 이런 사람이 진행하는 과학 토크쇼는 어떤 것일까.

대담자
이정모

대학과 대학원에서 생화학을 전공한 과학자이다. 생화학은 생물에 있는 화학작용을 연구하는 과학이고 생물은 거의 모든 것이 화학작용이므로, 무척 범위가 넓은 과학 분야이다. 하지만 이정모는 독일에서 대학원을 다닐 때 생화학과는 관계없는 『달력과 권력』이란 책을 써서 이름을 알렸다. 왜 서양의 역사에서 사라진 날들이 있으며, 이놈의 태양력이라는 것을 누가 어떻게 만들었나를 파헤친 책이다. 그렇게 왕성한 호기심으로 여기저기를 들쑤시고 다니면서 책도 여러 권 쓰고, 칼럼이나 서평도 쓰고, 강연도 하면서 바쁜 일상을 보낸다. 그 바쁜 일상을 하루에도 여러 번 페이스북에 올려놔, 그것만 보면 무슨 일을 하고 다니며 무슨 꿈을 꿨는지조차 알 수 있다. 지금은 서울시립과학관 관장으로 있는데, 수염을 길러 털보 관장으로 자처하기도 하지만 가끔은 수염을 깎아 보는 사람을 머쓱하게 만들기도 한다.

---

* 본문에서 사회자 **원종우**는 '원', 대담자 **이정모**는 '모'로 적는다.

* 이정모 관장은 서대문자연사박물관에서 현재 서울시립과학관으로 옮겼다. 하지만 이 팟캐스트가 방송될 당시에는 서대문자연사박물관장이었기에, 본문에서는 그대로 '서대문자연사박물관장'으로 적는다.

차례

자연사박물관의 가짜 공룡

원 ― 이번은 '진격의 공룡'입니다. 요즘 '진격'이란 말이 유행하잖아요. 만화 〈진격의 거인〉 때문이죠. 공룡이 이 '진격'하고 어울리지 않아요? 공룡 얘기를 하면서 생물 전반을 할 수 있거든요. 진화라든가 멸종이라든가. 어쨌든 그래서 모신 분인 서대문자연사박물관의 이정모 관장님입니다. 서대문자연사박물관? 혹시 들어보신 분 있으세요?.

청중1 가봤어요.

원 ― 자연사박물관이란 무엇이며 또 서대문자연사박물관은 어떤 곳인지 좀 말씀을 해주세요.

모 ― 네, 우리 다 살아 있죠? 그렇죠? 살아 있다는 건 누구나 다 죽게 된다는 거죠. 그래서 우리가 죽음을 긍정적으로 받아들이지 않으면 인생이 괴롭습니다. 어차피 죽을 수밖에 없는데 그걸

· 삼엽충과 투구게 ·

못 받아들이니까. 그런데 우리가 죽는 방법에는 여러 가지가 있습니다. 그게 뭐 사고를 당해서 죽을 수도 있고, 갑자기 죽는 돌연사, 익사, 굶어죽는 아사 등등이 있잖아요. 그렇지만 모든 사람들은 자연스럽게 죽고 싶어요. 이걸 '자연사'라고 하죠. 그런데 사람이나 동물이나 실제로는 자연사를 하기가 쉽지 않습니다. "아, 내가 충분히 살았으니까 이젠 그만 죽어야겠어"라고 하는 건 없단 말이에요. 저는 옛날에 가장 무서운 질병이 노환인 줄 알았어요. 신문에 보면 다 노환이나 숙환 때문에 돌아가셨다고. "아, 그거 정말 무서운 병이다" 생각했죠. 인간은 노환과 숙환으로 자연사하는 경우가 많지만, 인간을 제외한 거의 모든 동물들은 거의 잡아먹혀 죽습니다. 자연사하고 싶지만 실제로는 자연사하지 못했던 모든 생명들을 모아둔 것이 자연사박물관입니다. 우리나라는 7개의 공공 자연사박물관이 있어요. 서대문자연사박물관이 제일 오래됐습니다. 제일 오래됐다는 뜻은 전시물이 약간 낡았다는 뜻도 될 수가 있겠죠. 가장 신식을 보시려면 태백고생대자연사박물관에 가면 됩니다.

원— 거긴 서울에서는 좀 멀고요.

모— 네. 한 시간 보시기 위해서 하루 종일 쓰시면 되죠. (웃음) 그 다음으로는 고성이나 해남 같은 곳에 있는 박물관이 아주 좋죠. 태백이나 고성, 해남 같은 경우는 자신만의 특이함이 있어요. 태백자연사박물관에 가면 그 앞에 주로 고생대 시대의 <u>삼엽충</u>들이

삼엽충 5억 7,000만 년 전부터 시작하는 고생대의 대표적인 동물이 바로 삼엽충이다. 삼엽충은 중생대 이전의 고생대 전 기간 동안 바다 속에서 기어 다니며 살았다. 삼엽충을 절지동물이라 하는데 오늘날에도 있는 절지동물은 새우나 가재와 같은 갑각류, 메뚜기, 잠자리 같은 곤충 등이 모두 여기에 속한다. 동물 가운데 가장 종도 많아서 지금까지 분류된 것만 약 90만 종에 이른다. '절지節肢'란 마디가 있다는 뜻이다. 요즘의 절지동물이 대개 머리와 가슴, 배의 세 부분으로 이루어져 있듯 삼엽충도 그렇다. 고생대 초기의 1억 년 동안은 얕은 바다 밑은 이 삼엽충으로 뒤덮여 있다고 해도 좋을 만큼 많았다. 요즘의 삼엽충의 화석은 이 바다가 퇴적되면서 남은 것으로, 우리나라에서는 삼척과 영월 등에서 발견된다. 현재 생존하고 있는 동물 가운데 이와 가장 닮은 것이 투구게이다.

다양하게 있습니다. 박물관 바로 앞에 나오면 길가에 삼엽충이 박혀 있어요.

원— 삼엽충 화석이 길에 박혀 있다는 말씀?

모— 네, 길에 박혀 있어요.

원— 그거 사람들이 뜯어가지 않나요?

모— 뜯어가면 안 되지요. 뜯어가면 벌금 낸다고 하니까 보통 아이들은 차마 뜯어갈 생각까지는 안 하고 거기에다가 까맣게 매직을 칠해요. "내가 발견했다"고.

그다음으로 해남이나 고성 같은 곳은 공룡 발자국들이 실제로 있는 곳이죠. 서대문자연사박물관은 서대문에서 나온 게 하나도 없어요. 다른 곳에서 옮겨온 거예요. 서대문자연사박물관이라는 곳은 서대문 자연사의 박물관이 아니라, 그냥 서대문에 있는 자연사박물관입니다. 목포도 비슷한데, 목포는 아주 운 좋게 세계에서 가장 큰 공룡 알과 둥지를 바로 옆에서 발견을 했거든요. 그걸 소장하고 있고요. 제주도는 제주도의 자연사를 가지고 있죠. 다 자신들의 정체성이 있는데, 서대문자연사박물관은 서대문에서 나온 거는 하나도 없지만, 오로지 시청에서 2.5킬로미터 밖에 떨어지지 않았단 이유 하나로 1년에 자그마치 36만 명이 찾아오고, 1만 3,000명 정도가 교육을 받는 곳이죠.

· 티라노사우루스와 아크로칸토사우루스 ·

　우리 박물관에 처음 딱 들어오시면 커다란 수각류 공룡이 있습니다. 애들하고 함께 온 아빠가 "야, 저기 티라노사우루스다"라고 해요. 그 순간에 아이는 어마어마하게 행복해집니다. 아니,

수각류　수각류獸脚類, therpoda란 두 발로 걸은 용반류 공룡을 말한다. 중생대 초기에 처음 출연해서 쥐라기와 백악기를 지배했다. 티라노사우루스, 벨로키랍토르와 같은 공룡이 대표적인 수각류이다. 수각류는 육식인 것이 많지만 물고기를 주로 먹는 것도 있었다. 첫 번째와 다섯 번째 발가락은 매우 작거나 퇴화하였고, 속이 빈 뼈 구조 때문에 몸무게가 가벼워 빨리 뛸 수 있어 다른 동물을 잡는 데 유리했다. 현재 남아 있는 새들은 수각류에서 갈라져 나온 것으로 보고 있다.

아빠가 티라노사우루스도 아시다니! 하고요. 한 20초 동안 자랑스러워하다가 갑자기 실망을 하죠.

"아빠, 티라노사우루스가 아니라 <u>아크로칸토사우루스</u>인데" 하고요. 사실은 아빠는 아크로칸토사우루스를 알 수가 없어요. 애들도 잘 몰라요. 그러니까 비슷하게 생긴 건 다 티라노사우루스라고 얘기합니다. 티라노사우루스는 손가락이 두 개고 아크로칸토사우루스는 손가락이 세 개예요. 그러니 서대문자연사박물관이든 세상 어디에 가서도 구분하는 법을 알려드리자면, 손가락이 딱 두 개다 하면 일단 티라노사우루스라고 얘기해도 되고, 손가락이 두 개가 아니라면 절대로 티라노사우루스라고 하면 안 되는 것입니다.

그런데 과연 이 공룡뼈가 진짜일까요, 가짜일까요? 보통은 가짜라고 안 그러고 그냥 '레플리카'라고, '복제품'이라고 합니다. 상식적으로 진짜 공룡이면 뼈만 이렇게 모여서 완전하게 있을 수

아크로칸토사우루스 이는 대략 1억 2,500만 년 전에서 1억 년 전인 백악기 중기에 주로 북아메리카에서 살았던 육식공룡이다. 크기는 약 9미터에서 12미터 정도 되며, 육식공룡답게 강한 턱이 있어 무는 힘이 강했을 것이라 추정하고 있다. 우리나라에서도 이 공룡의 것으로 추정되는 치아 화석이 나온 바 있다. 낫처럼 생긴 세 개의 발톱이 있고, 머리 뒤쪽에서부터 꼬리까지 돌기가 나 있다. 두 다리로 걸었을 것이라 추정하고 있으며 넓은 지역에서 강한 포식자로 살았을 것이라 추정하고 있다.

없잖아요. 살도 없고. 그런데 이거는 관절 사이에 쇠봉이 박혀 있어 연결한 거죠. 만일 진짜라면 무수히 지지대들이 있어야 하는 거죠. 진짜 뼈는 구멍을 뚫을 수가 없으니까.

원 — 표본이 손상이 되니까 그런 거죠?

모 — 네. 그리고 이렇게 커다란 수각류가 완전하게 발견되는 경우는 없습니다. 기껏해야 60퍼센트 정도 있는 채로 발견되죠. 그렇데 이렇게 좋은 상태의 60퍼센트쯤 있는 수각류의 가격이 한 150억 정도 해요. 복제품은 불과 한 4억 원 정도면 되죠. 그것도 만만치 않아서 커다란 걸 하나만 가지고 있는 이유가 바로 그거죠. 물론 안에 들어가면 또 다른 공룡들이 있어요. 다른 복제품들이죠. 그런데 사실은 박물관에 돈이 없어 복제품을 샀겠지만, 돈이 있더라도 절대로 진품을 갖다 놓을 생각은 없어요. 사실 이게 우리나라 것도 아니잖아요. 우리는 남의 나라에 수백억씩 주고서 사올 생각은 없어요. 그럴 돈이 있으면 차라리 복제품을 갖다 놓고 그 돈을 한국의 과학자들에게 투자를 해서 수십년에 걸려서라도 캐오게 하면, 그걸로 박사학위자가 몇 명은 나오겠죠.

원 — 그것도 합리적인 얘기네요.

모 — 사실 공룡에 대해서 옛날에 한번 어쩌다 애들 동화 비슷한 글을 써본 적 있어요. 『공룡의 신비』란 책이죠. 제가 쓰고도 얼마나 슬픈지 그 책을 읽으면서 눈물이 뚝뚝 떨어졌는데. 그런데 사실 저는 공룡 잘 몰라요. 공룡 잘 모르는데 제가 왜 여기 나왔냐하면, 실제로 공룡을 아는 사람이 없어요. 지금 전 세계에 공룡을 연구하는 사람은 100명밖에 없어요. 70억 중에 100명.

원— 공룡은 원래 사람들이 굉장히 관심이 많은 동물 아닌가요? 왜 그런 거죠?

모— 사실 공룡을 연구한다는 게 돈이 많이 들 거 아니에요. 어디 멀리 가서 하고 거기에 필요한 돈을 누가 줘야 하는데, 공룡을 연구한다는 게 복리를 증진시키거나 경제발전하고는 관련이 전혀 없는 거잖아요. 거기다가 우리가 공룡 탐사라고 하면 낭만적인 생각이 들겠지만, 사실은 그게 아니라 뙤약볕이 쬐는 사막에 그늘도 없는 데서, 전화기도 잘 안 터지는 곳에서 몇 달 동안 그냥 아무도 없이 혼자서 그 땅을 빗질을 하고 있는 거라고요. 공룡 연구에는 딴 거 필요 없더라고요. 그 고독감과 그 열악한 환경을 견딜 수 있는 인내심만 있으면 되죠.

원— 제가 원래 고등학교 다닐 때 고고학자가 되고 싶다가, 그런 말을 들었어요. 늘 그런 삶을 살아야 된다고. 그래서 포기를 했거든요. 그런데 혹시 한 덩어리라도 건지면 150억 건지는 거잖아요.

모— 공룡 탐사는 몽골 같은 데서 하는데 건진다고 해서 우리가 소유할 수 없어요. 가져올 수 있는데, 다 연구를 한 뒤에는 돌려 줘야 돼요. 만약에 정 갖고 싶으면 캐나다나 미국 같은 데서 한 세트를 사는 거예요. 농장 같은 곳에 발굴 권리를 아예 사서, 여기 나온 거는 우리가 다 가져가겠다는 식으로 하기도 하죠.

원— 안 나오면?

모— 안 나오면 꽝이죠.

튀긴 쥐포
백 마리

원 ─ 자, 그러면 공룡 얘기로 직접적으로 들어가보죠. 공룡 하면 아주 옛날에 나타났다가 아주 옛날에 사라졌다는, 기본적으로는 덩치가 큰 파충류였고, 하는 정도가 우리가 알고 있는 것인데요. 그러니까 공룡이 언제 어떻게 어디서 생겨났는지 하는 그런 얘기부터 한번 순서대로 해보죠.

모 ─ 그래서 이걸 위해서 약간의 사전 지식이 필요합니다. "공룡이 언제 생겼어요?" 그러면 "옛날에요." "공룡이 언제 사라졌어요?" 또 "옛날에요." 이런 식으로 하면 재미없잖아요. 그런데 '그 옛날'이 도대체 언제냐를 알기 위해서는 서로 이해할 수 있는 용어가 약간 필요해요. 제가 지금부터 하는 얘기들은 학교 다닐 때 다들 공부한 적이 있는 거예요. 지질시대를 보면 고생대, 중생대, 신생대 나누잖아요. 고생대는 캄브리아기, 오르도비스기, 실루리아기, 데본기, 석탄기, 페름기. 중생대는 트라이아스기, 쥐라기, 백악기. 신생대는 3기, 4기 이렇게 나눈다고 해요. 요것을 순서대로 얘기하다 보면 "석탄기가 언제야?" 헷갈리잖아요. 그래서 이 순서를 한 번 외우고 나면 참 편해요. 제가 1분 안에 여러분에게 외우게 할 수가 있어요. 요것만 따라하시면 돼요. 캄, 오, 실, 데, 석탄, 페, 트, 쥐, 백이잖아요. 제가 외는 방법은 이거예요. 'Come'은 '오시라'죠. 'Come, 오실 때 석탄 퍼오시면 튀긴 쥐포 백 마리 드릴게요.'

"Come, 오실 때 석탄 퍼오시면 튀긴 쥐포 백 마리 드릴게요" 인데, '튀긴 쥐포 백 마리'가 바로 중생대죠. 그런데 고생대가 언제 시작하느냐면 지금부터 5억 4,300만 년 정도예요. 그러니까 옛날이 얼마 되지 않죠.

지구 나이가 얼마쯤이냐면 46억 년. 제가 교회에서 아주 사랑받는 안수집사인데, 우리 교회 권사님께서 물어보시더라고요. "아, 지구 나이가 얼마였어? 이 집사?" 그래서 고민하다가 제가

지질시대 지질시대地質時代는 지구가 생긴 이후부터의 지구의 역사를 나타내는 것이다. 이는 국제 층서 위원회가 정한 것으로 지금 지구는 약 45억 7,000만 년 전에 생겼다고 생각하고 있다. 이 지구의 역사를 지질학이나 고생물학에서의 지층이나 생물의 대량 멸종 등의 주요 사건을 기준으로 구분한 것이다. 예컨대 백악기와 팔레오기는 공룡 멸종의 이전과 이후를 기준으로 나눈 것이다.

• "Come, 오실 때 석탄 퍼오시면 튀긴 쥐포 백 마리 드릴게요" •

뭐라 대답했냐 하면 "지구의 나이는 약 6,000년에서 46억 년 사이입니다"라고 대답했죠. 모든 사람이 다 만족하시더라고요.

고생대, 중생대, 신생대는 우리가 아는 시기인데, 46억 년이 잖아요. 기껏해야 5억 몇 천만 년 정도니까 사실은 오래된 게 아니죠. 앞에 한 40억 년은 없는 거잖아요. 거기는 잘 모르는 거예요. 그 아까 고성의 자연사박물관이 상족리에 있잖아요. 고성군 상족리에 '상족암'이라는 데를 물이 빠질 때 걸어가면 공룡발자국

누대	명왕누대	시생누대				원생누대							고생대		
대		조시생대	고시생대	중시생대	신시생대	고원생대			중원생대		신원생대				
기						시데리아기	리아시아기	오로시리아기	스타테리아기	칼리미아기	엑타시아기	스테니아기	토니아기	크라이오제니아기	에디아카라기	캄브리아기	오르도비스기	실루…

· 지질연대표 ·

이 쭉 있어요. 거기에서 어떤 아빠랑 애가 손을 잡고서 공룡발자 국을 따라서 걷는 거예요. 얼마나 아름다워요? 커다란 공룡발자 국을 따라서 걷는 아빠와 꼬마를 제가 뒤에 쫓아가면서 보고 있 는데, 애가 묻더라고요. "아빠, 공룡이 왜 바닷가를 걸었어요?" 그러니까 아빠 대답이 "여기 물을 먹으러 왔나 보지." 조금 있다 가 애가 "아빠, 그러면 공룡은 바닷물 먹었어요?" 하고 물었죠. 그럴 리가 있나요. 왜 그랬겠어요. 그곳이 그 당시에는 바다가 아니었다는 거죠.

우리나라 고생대에는 지금과는 달랐죠. 'Come, 오실 때 석탄 퍼 오시면 튀긴 쥐포 백 마리'에서 페름기면은 고생대 끝이거든 요. 고생대 처음에는 우리나라 대부분이 바다였어요. 고생대 표 준화석이 뭔지 기억이 나시나요?

원― 삼엽충.

현생누대									
				중생대			신생대		
	석탄기								
...기	미시시피기	펜실베이니아기	페름기	트라이아스기	쥐라기	백악기	고제3기	신제3기	제4기

모— 삼엽충인데, 삼엽충이 살던 곳은 바다예요. 그런데 아까 말씀드린 태백시는 육지에 있잖아요. 삼엽충이 거기에 있었다는 얘기는 우리나라가 그 당시는 바다였다는 얘기죠. 그런데 중생대의 표준화석은 뭘까요? 암모나이트죠. 달팽이처럼 말려 있는 게 암모나이트에요. 그런데 우리나라에서는 암모나이트가 안 나와요. 이것도 바다에 살았던 거거든요. 우리나라에 암모나이트가 안 나오는 이유는 그 당시에 바다가 아니었기 때문이죠. 그러

암모나이트 암모나이트Ammonite는 암몬조개라고도 하며 고생대 말에 나타나기 시작해서 중생대 바다에서 매우 번성했던 무척추동물의 두족류이다. 나우틸로이드라는 조개에서 진화한 것이라고 여기며, 크기는 2센티미터에서 50센티미터에 이르기까지 다양한 종이 있어 현재 1만 종 이상이 확인되었다. 시대에 따라 껍데기의 형태나 장식, 봉합선 등에서 차이가 있다. 나선형의 안쪽 벽과 바깥쪽 벽의 봉합선이 나타나 있는 것이 가장 큰 특징이다.

니까 고성에서 제주도까지도 그때는 다 육지였어요. 그러니까 고성 앞바다는 당시에 바다가 아니라 호수였겠죠. 우리는 지금 자꾸 우리의 지금의 시각을 가지고 보니까 오해를 하는데, 지구는 불과 몇억, 몇만 년밖에 안 되는 시간에도 매우 역동적으로 변하고 있었던 거죠. 옛날에는 땅이 모두 한 덩어리였다고 얘기하잖아요. 한 덩어리였을 때가 판게아예요. 그때가 대체 언제쯤일까요? 지구가 46억 년이니까 아주 오래된 일일 거라고 생각하는데, 사실은 3억 년 전 고생대 말의 일이거든요. 그러니까 중생대 중기, 쥐라기 시대는 판게아의 시대예요. 그러니까 얼마 되질 않은 거죠.

원 ─ 여러분 판게아가 뭔지 아세요? 초대륙.

모 ─ 땅이 한 덩어리로 있었을 때의 그 땅을 말하는 거죠.

원 ─ 대륙이 다 붙어 있었을 때죠? 지금 나눠진 대륙들이 하나로

판게아 판게아는 그리스어로 '모든 땅'이라는 뜻을 가진 말로 고생대 페름기와 중생대 트라이아스기에 존재했던 현재의 모든 대륙이 합쳐진 초대륙이다. 1915년 기상학자였던 독일의 알프레트 베게너가 아프리카의 서해안과 남아메리카의 동해안이 맞아든다는 데서 힌트를 얻어 가설로 발표한 이론이다. 판게아는 1억 8,000만 년 전인 쥐라기에 남쪽의 곤드와나와 북쪽의 로라시아로 나누어지고, 오랜 시간이 흐르면서 다시 분리되어 지금과 같이 여러 대륙으로 갈라지게 되었다. 이는 단순한 가설이었지만 대륙을 이동시키는 원동력이 맨틀의 대류 때문이라는 이론이 정립되고, 1950년 이후 계속해서 새로운 사실이 발견되면서, 이것이 '판 구조론'이란 정설로 굳어지게 되었다.

있을 때.

모 ― 그전에는 사실은 흩어져 있다 합쳤다가, 흩어졌다 합쳤다가를 무수히 많이 했겠죠. 그런데 우리는 모르는 거죠. 타임머신을 타고 가서 보기 전에는 알 수가 없는 거죠. 우리는 그 정도까지만, 기껏해야 한 3억 년 정도까지만 알 수 있다는 거죠. 그 다음에 신생대 되면 신생대까지 처음에는 꽤 많이 붙어 있었거든요. 지금의 모습이 된 것은 사실은 얼마 되지 않은 거죠. 지금은 우리는 여기 있지만, 2억 5,000만 년쯤 지나면 우리나라는 다시 북극쯤에 있을 거예요. 처음에 판게아고 3억 년 전에는 우리가 북극 밑에 있었거든요. 다시 또 돌아가죠. 그때는 무지 춥겠죠?

자 그럼, 공룡이 언제 나타났느냐를 이야기해야 되는데, 그러려면 생명은 언제부터 시작되었는가를 먼저 말해야죠. 생명이 생긴 다음에 공룡이 생겼으니까요. 지구 역사 46억 년쯤 되는데 생명의 역사는 한 38억 년쯤 돼요. 그런데 웃긴 게 제가 유학 생활을 딱 10년을 했어요. 1992년에 유학을 갔는데, 그때는 지구의 나이가 한 45억년이라 배웠거든요. 10년 밖에 유학을 가지 않았는데, 지구의 나이가 1억 년이 늘었더라고요. 46억 년으로. 또 생명의 역사도 그때는 36억 5,000만 년이라고 했는데, 갔다 오니까 38억 년이래요. 38억 년이고 하지만 제일 좋은 숫자는 36억 5,000만 년이 좋은 숫자예요. 왜냐하면 36억 5,000만 년이라고 그러면 딱 떠오르는 숫자가 있잖아요.

원― 365일.

모― 그렇죠. 그러니까 지구 생명의 역사가 36억 5,000만 년이라고 하면 1,000만 분의 1로 줄이면 1년의 달력 안에 딱 넣을 수 있겠죠. 그렇다면 지금부터 36억 5,000만 년 전의 어느 날 1월 1일 0시에 바다에 어떤 세포 하나가 생겼습니다. 세포라는 건 막이 있고 그 안에 유전 정보가 있는 거죠. 그러니까 기름 주머니 안에 RNA가 조그만 게 있었을 거예요. 그때 1월 1일 0시에. 그때 뭐가 생겼겠죠. 그럼 그 다음부터 진화가 있었겠죠. 그런데 우리가 보니까 없어요. 2월이고, 3월, 4월, 5월, 6월, 7월, 8월까지 우리가 보기에는 변화가 거의 없어요. 그런데 5월쯤 되면 이때부터

RNA　RNA는 유전자 본체인 DNA의 유전 정보에 따라 필요한 단백질을 합성할 때 직접적으로 작용하는 고분자 화합물이다. 리보오스, 염기, 인산 등 세 가지 성분으로 되어 있으며, DNA로부터 RNA가 만들어진다. 하지만 여기서는 DNA가 없었을 때에는 RNA가 우선했으리라는 가정에서 이야기한 것이다.

남세균　남세균은 바다에 산다고 남조류라고 하기도 하고, 시아노박테리아 cyanobacteria라고 부르기도 하는 단세포 생물로 세균처럼 핵막이 없고, 엽록소와 남조소를 가지고 있어 광합성을 하며 이분법으로 번식한다. 단세포인 남세균은 대부분 여러 세포들이 모여 실 모양으로 군체를 이루고 있어 다세포 생물처럼 보인다. 대부분의 남세균은 플랑크톤의 범주에 들어가며 어류의 먹이가 된다. 토양, 바위, 나무 위, 바다, 연못, 수영장, 또는 물이 새는 수도꼭지 등과 같은 수중 환경에 넓게 분포되어 있으며, 점액질의 껍질을 가지고 있어 건조한 환경에도 잘 견딘다. 남세균은 선캄브리아기에 산소를 생성하여 지금의 환경을 만든 것이라 여기고 있다.

바닷속에서 어마어마하게 많은 산소가 생기기 시작합니다. 남세균이 생기면서 세포분할을 하여 번식해서 산소를 만들죠. 이때부터 바다 속에서 산소가 마구 생기죠. 그러면 철이 그 당시에는 'Fe'라는 원자 상태로 바다에 막 떠 있었는데 산소가 생기면서 철 원자가 이때 산소와 결합을 해요. 그래서 이것들이 쌓여서 철광석이 되는 거죠. 지금 쓰고 있는 철광석은 주로 5월에서 8월 사이에 생긴 것들이에요. 그러다 9월 달쯤 되면 암컷과 수컷이 생깁니다. 암컷과 수컷이 생겼다는 건 무척 중요한 겁니다. 그 전까지는 자기 복제만 일어나잖아요. 9월 달쯤 돼서 암컷과 수컷이 생겨 유전자들이 서로 교환하고 섞일 수 있는 기회가 만들어지는 거거든요. 갑자기 진화의 속도가 빨라질 수가 있는 거죠. 다세포생물이 생기고. 10월 달쯤 되면 지금 우리가 보는 원생생물이 생겨요. 이때까지 10월 달까지면 10×3 하면 30억 년이잖아요. 생명의 역사 30억 년 동안 우리가 맨눈으로 볼 수 있는 게 거의 없어요. 타임머신 타고 가도. 현미경으로 봐야만 조금 바뀌는 게 있

다세포생물 여러 개의 세포가 모여서 이루어진 하나의 생물체를 말한다. 아메바, 대장균 같은 단세포생물과 구분되는 말이다. 지구상에서 단세포의 원핵생물은 약 38억 년 전에 나타났지만, 다세포생물은 약 10억 년 전에 출현한 것으로 알려져 있다. 다세포생물일지라도 수정란 등의 단세포에서 출발하여 발생과 분화를 거치며 다세포생물의 성체가 된다.

고 눈에는 보이는 게 없는 거예요. 그러다가 11월 달쯤 되면, 그러니까 6억 년쯤 되니까 5억 4,300만 년 됐을 때 고생대가 시작하거든요. 캄브리아기가 시작되는 거예요. 이때까지가 선캄브리아기라고 하고, 이제 캄브리아기가 시작하면서….

원 — 선캄브리아기라는 건 캄브리아기 전을 뭉뚱그려가지고 이야기하는 거죠?

모 — 그렇죠. 고생대 전에. 이때부터 'Come, 오실 때 석탄 퍼오시면'까지가 11월 4일부터 12월 10일까지예요. 이때는 캄브리아기가 대폭발해가지고 어마어마하게 많은 생물들이 생겨요. 이렇게 생긴 이유는 산소들이 많아졌던 거죠. 산소는 사실 독이에요. 우리가 활성산소 때문에 암 걸린다고 그러잖아요. 산소가 있으면 멀쩡한 쇠도 다 녹슬죠. 또 초도 다 타버리잖아요. 산소는 위험한 거예요. 그러니까 산소가 세포들에게도 위험하기 때문에 딱딱한 껍데기를 만들게 되고. 또 딱딱한 껍데기를 만들면 그때부터 비로소 커다란 동물들이 생길 수가 있게 돼요. 바로 그 경계가 이때였던 거예요.

　　11월 달 되고. 12월 달쯤 될 때는 산소가 좀 더 많아져서 바다뿐만 아니라, 육지로 생물들이 넘어가는 거예요./11월 하순부터 마구 넘어가요. 육지에서 생명체가 살 수 있게 된 거죠. 여기가 12월인데, 11월까지는 한 달을 한 칸에 그렸잖아요. 12월 달쯤 넘어오면 이걸 그렇게 할 수가 없죠. 왜냐하면 갑자기 급격한 변화가 생기기 때문에 12월 달이 되면 한 칸을 1,000만 년으로 해야죠. 그러면 12월 10일쯤 됐을 때 바로 공룡이라는 게 생기는 거죠.

2011년 9월 말에 자연사박물관에 갔는데, 겨울이 되니까 데스크에서 안내하는 여직원이 "우리도 크리스마스 때 박물관에도 이제는 성탄절 장식을 합시다" 그러더라고요. "좋죠. 어떻게 장식을 할까요?" 하니까 "아크로칸토스사우루스에다가 산타 모자를 씌워요" 하는 거예요. 고민이 생겼죠. 산타 모자가 아주 커야 하는 거고, 또 큰 산타 모자를 어떻게 만들어야 하는가 하는 생각에 핑계를 만들었죠. "사실 그 성탄절이 공룡한테는 그렇게 좋은 날이 아니에요. 왜냐하면 생명의 역사가 1년이라고 한다면 성탄절, 크리스마스이브에 공룡이 멸종하고 말거든요."

그러니까 바로 이 시기인 트라이아스기 초반에 공룡이 생겨요. 그래서 백악기 끝에 사라지는 거죠. 아까 'Come, 오실 때 석탄 퍼오시면'까지가 11월과 12월 상순이었잖아요. 12월 10일에 '튀긴 쥐포 백 마리'가 시작되는 겁니다. '튀긴 쥐포 백 마리'는 각각 3,000만 년, 5,000만 년, 8,000만 년쯤 되거든요. 이 시기인데 결정적인 계기는 지구상에 산소가 많아졌기 때문이죠. 그리고 공룡이 나타나기 전에도 육상에는 공룡보다 더 큰 파충류들이 있었어요. 트라이아스기에는 공룡보다 다른 파충류가 더 컸죠. 그들하고 경쟁을 해서 이겨야 되는 거였죠.

파충류   현재 지구상에 살고 있는 도마뱀, 거북, 악어, 뱀 등이 속해 있는 동물 군을 말한다. 진화의 역사에서 양서류 다음에 생겨나는 동물군이며, 공룡과 조류와 포유류의 모체 역할을 했다. 피부는 각질의 표피로 덮여 있어 사막과 같은 건조한 지역에서도 살 수 있으며, 폐로 호흡을 하며, 알을 낳고, 변온동물이며, 보통은 네 다리가 발달하지만 일부는 퇴화하거나 없어졌다. 남극대륙을 제외한 모든 대륙에 있으며, 특히 열대와 아열대에 많고, 육지와 바다에 골고루 분포한다.

난
뱀하고는 달라

원 ─ 파충류와 공룡은 다른 생물인가요?

모 ─ 공룡도 파충류지만 다른 파충류와는 많이 다르죠.

원 ─ 어떤 점에서 다른 건가요?

모 ─ 지금도 파충류들은 많이 있잖아요. 보통 파충류를 보면 다리가 몸 옆으로 나죠. 이렇게. 악어를 생각해보세요. 몸통이 있으면 몸 옆으로 'ㄱ'자로 나오잖아요. 그러니까 걸어갈 때 어떻게 해요? 몸과 꼬리를 'S'자로 몸을 흔들면서 간단 말이에요. 다리를 직선으로 딱 펴고 가는 게 아니라 온 몸을 뒤뚱뒤뚱하죠. 그러면 이렇게 뒤뚱뒤뚱 걸으면 허파가 어떻게 되겠습니까? 눌리겠죠. 눌리니까 호흡에서 무척 불리해요. 그런데 공룡들은 이 다리가 옆으로 나지 않고, 아래로 똑바로 뻗어 있어요. 우리처럼 서 있으니까 허파에 압박이 없어서 훨씬 숨을 쉬는 게 편안하죠. 호흡

• 숨 쉬기 편한 공룡과 숨 막히는 파충류 •

이 좋으니까 더 빨리 움직일 수도 있고, 더 커질 여력도 있는 거죠. 파충류에서 그걸 극복하는 데 트라이아스기의 5,000만 년이 걸린 거예요.

원 ― 그러니까 우리가 '공룡' 하면 파충류라고 단순하게 생각을 하지만, 그리고 코모도왕도마뱀이니 이런 큰 3미터나 되는 것들도 있고, 그런데 우리가 지금 보고 있는 파충류와 공룡은 상당히 다르다는 것이죠? 그리고 공룡 전에 사실은 지금 우리가 알고 있는 파충류와 유사한 파충류가 존재했었다는, 뭐 이런 얘기 아닙니까?

모 ─ 많이 있었죠. 하여간 이 당시에는 어쨌든 이들이 가장 제일 큰 육상 동물이었던 거죠. 뭐가 공룡이냐 하면 일단 중생대에 살았어야 돼요. 고생대에 살았으면 공룡이 아니죠. 고생대에도 공룡처럼 생긴 게 있어요. 하지만 그건 고생대의 동물이니까 공룡이 아닌 거고, 또 중생대에 살았어도 꼭 땅 위에 살아야 돼요. 육상에 살았던 거대한 파충류만 공룡이라 하죠. 그것도 다리가 옆이 아닌 밑으로 쭉 내려오는 동물이 공룡이죠. 그래서 하늘을 날았던 익룡이란 거는 공룡이 아니에요.

원 ─ 그건 아예 종이 다른 것으로 봐야 하나요?

모 ─ 진화의 경로가 전혀 달라요. 그다음으로 수장룡이나 어룡 같은 경우에도 공룡이 아니죠. 재미있는 건데요. 엘라스모사우

코모도왕도마뱀 코모도왕도마뱀Komodo Dragon은 도마뱀 가운데 가장 큰 종으로 몸길이가 3미터가 넘는 것도 있으며, 가장 큰 것의 몸무게는 165킬로그램짜리도 있다. 몸통은 튼튼하며 거친 비늘로 고르게 덮여 있다. 후각이 뛰어나며, 이를 이용해 사냥을 한다. 썩은 고기나 곤충, 작은 포유류나 파충류를 잡아먹는다.

어룡 어룡魚龍, chthyosauria은 쥐라기부터 백악기에 걸쳐 바다에서 번성한 동물의 한 종류로, 겉모습이 고래나 돌고래와 비슷하고 몸길이가 3미터에서 149미터 정도 되는 큰 것이 산 적도 있다. 날카로운 이빨이 있었고, 뾰족한 턱이 달려 있고, 커다란 눈이 있었다. 알을 몸속에서 부화시켜 지금의 고래처럼 새끼를 낳았다.

루스라는 수장룡이예요. '수장룡' 하면 '수'자가 물 '수水'일까요? 물에 사니까. 그게 아니라 사실은 머리 '수首'예요. '목이 긴 용'이라는 거죠. 장경룡이라고도 하고 수장룡이라고도 하는데, 그 뼈의 화석을 보고 이렇게까지 길다고는 생각을 못한 거예요. 그래서 옛날 사람들은 어떻게 했냐 하면 목의 뼈를 뒤쪽의 짧은 꼬리에다가 붙였죠. 불과 몇십 년 전에야 꼬리라고 생각한 게 목이라는 걸 알게 되었죠. 그래서 급히 옮겼죠. 우리가 공룡 연구는 아주 옛날부터 했잖아요. 그런데 우리가 알고 있는 공룡들의 대부분은 1960년대 이후에 발견이 된 것들이 많고, 알고 있는 공룡 지식들이 다 최근의 것이죠. 우리가 알고 있는 이름이 붙은 공룡

엘라스모사우루스 엘라스모사우루스Elasmosaurus는 중생대 백악기 후기에 살았으며 목이 아주 길어서 8미터 정도이고, 76개의 목뼈로 이루어져 있다. 몸무게는 약 7톤 정도 되었으리라 추측하고 있다. 평소에는 긴 목을 구부리고 있었다가 먹이를 발견하면 목을 뻗어서 먹이를 낚아챌 수 있었으며 주식은 주로 물고기와 오징어 같은 작은 바다생물이었다.

수장룡 수장룡首長龍, Plesiosauria은 중생대 때 살았던 수생 파충류로 플레시오사우루스가 최초의 수장룡이고, 그다음으로 엘라스모사우루스, 크로노사우루스가 번성했다. 수장룡은 크게 목이 긴 종류와 목이 짧은 종류로 분류를 하는데, 두 종 모두 몸길이가 5미터에서 28미터까지 다양했다. 허파로 호흡을 했으며 허파 크기가 커서 한 번 숨을 쉰 다음에 꽤 오랫동안 물속에서 지낼 수 있었을 것이라고 생각한다. 공룡과 함께 백악기–제3기 대멸종 때 멸종했다.

장경룡 장경룡長頸龍은 목이 긴 공룡이라는 뜻이다.

들은 한 700종 정도밖에 안 돼요. 그런데 우리가 뼈를 발견한 건 2,000종 좀 넘거든요. 그러니까 적어도 1,400종은 이름 붙일 기회가 있죠. 하지만 실제로는 그보다 훨씬 더 많이 살았을 겁니다.

원― 공룡을 우리는 거대한 파충류라고만 생각했는데, 다리도 그렇고 그 밖에 실제로는 파충류와는 다른 면이 많다는 게 계속해서 밝혀져 왔었잖아요. 그런 점들에 대해서 좀 더 설명해주세요.

모― 보통 파충류들은 새끼들을 양육하지 않잖아요. 그런데 공룡들은 알을 둥지에 낳고 보살피기도 하고 자기 새끼들을 양육한 것 같단 말이죠.

원― 저도 사실 공룡에 대한 걸 좀 읽어본 게 10년 가까이 됐어요. 전에만 해도 그런 종류의 공룡은 아주 드물게 있었다는 정도로 파악했는데, 그게 일반적인 상황이었나요? 그러니까 이제는 그 이야기가 그때하고 바뀐 건가요?

모― 우리가 어릴 때 봤던 공룡들은 이렇잖아요. 꼬리를 질질 끌고 다니고, 뚱뚱하고, 고개를 세우고, 영화 〈고질라〉에 나오는 그런 거였는데, 요즘은 그렇게 그리지 않거든요. 몸을 수평으로 딱 세우고 있고, 꼬리는 곧추 세우고 있는 거죠. 꼬리를 세워 균형을 잡고 있고.

원― 이런 식으로 지금 공룡에 대한 생각들이 다 바뀌어 있어요. 그리고 다리도 악어와 도마뱀과는 달리 포유류처럼 밑으로 뻗어 있어 곧바로 걸을 수가 있었다는 얘긴데. 얘기를 듣다 보니 제가 궁금한 거 하나가 정확한지는 모르겠지만, 제 기억으로는 <u>파충류는 고급한 뇌가 없어서</u> 이타심이 있을 수 없고, 심지어 제 새끼를 돌보지 않는다는 것이 사실인지, 또 만약 공룡들이 정말 새끼를 돌봤다면 공룡은 어떻게 그런 능력을 갖게 됐을까 하는 것이죠.

모 ─ 이런 건 공룡한테 물어봐야 되는데 그건 좀 어려우니까 공룡의 후손들이 있잖아요. 공룡의 후손이 지금 새란 말이에요. 새는 수각류죠. 그러니까 육식공룡들의 직계 후손이 바로 새인데, 새는 둥지도 돌보고, 새끼들도 돌보잖아요. 그런 습성을 공룡에게 받은 거라고 생각하면 되지요.

원 ─ 그러면 공룡을 파충류라고 지금 얘기할 수 있는 그런 연계고리는 어디 있는 건가요? 공룡이 파충류라고 했을 때, 공룡은 다리도 이렇고 뭐 새끼도 돌보고 우리가 알고 있는 파충류와 상

파충류의 뇌 폴 맥린이란 학자는 진화적 관점에서 뇌를 세 가지로 구분했다. 이에 따르면 인간의 뇌는 R 복합체, 변연계, 신피질로 구성되는데, 이를 삼중 뇌라고도 한다. R 복합체의 R은 파충류Reptile를 뜻하며 '파충류의 뇌'라고 부른다. 이 부분이 진화 과정에서 가장 먼저 발달했으며, 뇌간과 소뇌를 포함한 부분으로 기본적인 생존의 행동과 생각이 나온다. 인간의 뇌는 여기에 변연계와 신피질을 덧붙여 완성되며, 여기서 이성적 사고와 언어, 고차원의 사고능력이 나온다고 한다.

당히 다른 부분인데, 그럼에도 불구하고 파충류라고 한다면 그 파충류의 성질은 어디에 있는 거죠?

모 ― 일단 알을 낳는 거죠. 알을 낳는데 하늘을 날지 않으니까 새는 아닌 거고. 나머지는 좋은 포유류인데 새끼를 낳질 않으니까 안 되고, 분류할 수 있는 것은 파충류밖에 없죠. 그렇다고 양서류도 아니잖아요?

원 ― 그렇죠.

모 ― 그렇게 생각하면 고민할 건 없죠. 파충류일 수밖에 없는 거니까.

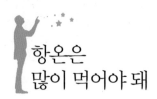

항온은
많이 먹어야 돼

원— 거기에 또 하나 의문이 있는 게 파충류는 냉혈동물이잖아요. 체온 조절을 스스로 할 수 없는. 그런 부분은 또 어떻게 관련이 있는 거죠?

모— 그 문제에 대해서는 고민이 좀 있어요. 냉혈이냐 온혈이냐는 용어가 좀 잘못된 용어고요. "야, 이 냉혈한 같으니라고." 하잖아요. 하지만 그것보다는 내온성과 외온성으로 구분해야 돼요. 내온성이라는 건 자기 몸에서 열을 내서 체온을 유지하는 것이고 외온성이란 바깥에서 햇빛을 받아서 온도조절을 하는 거거든요. 그러니까 외온성을 가진 게 변온동물이고, 내온성을 가진 동물은 항온동물인 거예요. 그렇다면 공룡은 어땠을까가 문제잖아요.

원— 참고로 말씀드리면, 우리는 항상 체온이 비슷하잖아요. 아프지 않으면 36.5도, 37도. 그게 우리 몸에서 체온을 유지를 하는 기능이 작용을 하는 거고. 그래서 항온성, 내온성이라고 그러기도 하는 거고. 어떤 동물들은 그런 기능이 없어요. 그래서 바깥 온도의 영향을 받아서 체온이 높아지고 낮아지고 하기 때문에 변온성이라 하는 거거든요.

모 보통 파충류들은 변온성이고 외온성이긴 한데 모든 동물들이 깔끔하게 나눠지지는 않는 거예요. 예를 들어서 포유류면 내온성이면서 항온성인데, 안 그런 것도 있거든요. 만약에 박쥐 같은 경우에는 포유류이기 때문에 내온성이어야 하는데 체온이 변하거든요. 어떤 때는 온도를 푹 떨어뜨려 동면에 들어가기도 하죠. 곰처럼.

원 그러네요.

모 곰도 떨어뜨리고, 또 뭐 있죠? 새들도 마찬가지예요. 새들도 내온성이지만 변온성이에요. 그리고 외온성이면서 항온성인 동물들도 있어요. 갈라파고스 황소거북이는 엄청나게 크죠. 한 200킬로그램쯤 되는 거예요. 그런데 이놈은 밤에도 어느 정도 온도를 높이고 유지하고 있어요. 이유는 덩치가 크기 때문에 부피에 따라 표면적의 비례가 작기 때문에 체온이 쉽게 떨어지지가 않는 거예요. 작은 동물들 같은 경우에는 큰 동물보다 부피 대 표면적비가 크잖아요. 부피에 비해서 열손실이 많아요. 그러니까 큰 동물 같은 경우에는 내적으로 체온을 유지하는 기능이 없어도 온도가 덜 떨어지겠죠? 그래서 이런 동물들을 '거대 항온성' 동물이라고 해요. 일단 덩치가 크면 온도를 잘 유지할 수가 있어요.

원 ― 일단 덩치가 크면 그 덩치 때문에 무조건 항온적인 성향이 생겨버리는군요.

모 ― 그렇죠. 덩치 때문에 외온성이라 하더라도 그런 성향이 생기죠. 그런데 공룡은 워낙 크잖아요. 사실 공룡이 변온이라면 말이 안 됩니다. 마다가스카르에서 있었던 일인데요. 오전 10시쯤에 빨간색 암컷 카멜레온이 나무에 붙어 있는 걸 봤어요. 암컷이 있다는 얘기는 거기에 반드시 수컷도 있다는 얘기죠. 그 카멜레

갈라파고스 황소거북이 에콰도르의 해안에서 1,000킬로미터 떨어진 갈라파고스 군도는 여러 화산섬으로 이루어진 곳이어서 대륙과 멀리 떨어져 있어 특별한 생태계를 지닌 곳이다. 찰스 다윈이 비글호를 타고 세계일주를 하면서 진화론의 영감을 얻은 곳이 여기라고 한다. 갈라파고스 군도는 섬마다 식생 지대가 뚜렷하게 구별된다. 갈라파고스 군도에 서식하는 동물 중에는 이 지역의 고유종도 있지만, 적도에 사는 펭귄과, 날지 못하는 가마우지, 바다에서 헤엄치는 이구아나, 피를 빠는 핀치, 움직이는 거대한 바위처럼 보이는 거북이 등과 같은 특별한 동물들도 있다. 산타크루스 섬에는 거대한 황소거북이가 사는데, 이는 파충류 가운데 가장 큰 거북이이다.

마다가스카르 마다가스카르 섬은 아프리카의 동남부 인도양에 있는 세계에서 네 번째로 큰 섬이며, 마다가스카르 공화국이 있다. 섬의 동쪽으로는 가파른 절벽이 있고, 중앙에 고원이 있으며, 일부 기후는 열대우림 기후이다. 아프리카 대륙과 멀리 떨어져 있어 독립적인 진화를 이루었기 때문에 호랑이꼬리여우원숭이 등 이 섬에서만 발견되는 독특한 동식물종이 많다.

온이 잘생겼기 때문에 잡아서 만져봐요. 제가 만지면 그놈은 도망가고 싶어 하지만 저에게 반드시 잡힐 수밖에 없어요. 왜냐하면 몸이 아직 더워지지 않았기 때문에 움직이기가 어렵거든요. 그래서 이놈들은 아침에는 다 햇볕이 있는 데로 나와요. 몸을 데우는 거죠. 그런데 만약에 그 커다란 공룡들이 이런 변온동물이었다면 어떻게 됐겠어요? 공룡의 시대가 비록 아열대이긴 했지만, 브라키오사우루스같이 50톤에 달하는 놈들이 아침에 햇볕을 받아서 체온부터 덥히고 움직여야 한다면 몇 시에나 뭘 먹을 수 있을까요? 밤에 추워지면 또 어떡해요. 활동을 할 수가 없죠.

원— 현실적으로 그렇겠네요.

모— 네, 그게 말이 안 되니까 고민을 많이 해요. 그런 고민을 하다 보면, 아 이놈들이 파충류보다는 훨씬 더 항온성을 유지했겠네, 생각하게 되는 거죠. 그래서 어떤 사람들은 변온성, 항온성의 중간 개념으로 중온성이라고 이야기들도 하는데, 사실 이 문제에 대해서는 여러 논란들이 있고 아직 뭐 이렇다 할 결론이 없지만 저는 개인적으로 체온을 유지했다는 게 좀 더 합리적이지

> **브라키오사우루스** 브라키오사우루스Brachiosaurus는 쥐라기 말기에서 백악기 초기까지 생존한 초식공룡이다. 높이 25미터 몸무게 50톤에 이를 정도로 거대한 공룡으로 목이 길어서 16미터쯤 되고 앞발이 뒷발보다 더 길었다. 긴 목을 이용해 나뭇잎을 먹으며 생활했을 것으로 추정하고 있다.

않을까 하는 생각을 해요.

원― 사실은 지금 이 동물들에 대한 연구는 오직 화석으로만 거의 가능한데, 그런 것들을 화석들을 통해서 알아내기는 어려운 면이 있죠?

모― 네. 그리고 우리가 냉혈동물이라고 하면 대개 저등한 전략을 생각하는데, 외온성과 변온성이 그렇게 하등한 전략이 아니에요. 그러니까 외온성은 지구력은 떨어지지만 짧고 폭발적으로 에너지를 내는 데 유리한 단거리 선수 전략이죠. 그러니까 극단적인 기후에도 적응할 수 있거든요. 그래서 도마뱀 같은 변온동물들은 낮에는 타는 듯이 뜨겁고 밤에는 영하로 떨어지는 사막같은 곳에서도 살아요. 그런데 항온동물들은 그런 데서 살기는 어렵잖아요. 코끼리 같은 경우는 굉장히 더운곳에서 사는데 항온동물이기 때문에 체온이 한번 오르면 떨어지기가 어렵죠. 그러니까 빛을 차단하는 방법으로 커다란 귀도 만들고, 귀를 통해 체온도 발산하고, 코도 길게 해서 최대한 열을 발산하는 장치들을 만들어야 했던 것이죠.

원― 아, 코나 귀가 또 그런 역할을 하는 거군요.

모― 네, 만일 코끼리가 귀도 작고 코도 짧고 그랬다면 살아남기가 더욱 힘들었겠죠. 그리고 외온성 동물은 조금만 먹어도 돼요. 예들 들어 코모도왕도마뱀은 자기 체중만큼 먹는데 90일이 걸려요. 그런데 사자는 9일 내에 자기 체중만큼 먹어야 돼요. 그래야

• 체온을 조절하는 코끼리 •

체온을 유지할 수가 있거든요. 우리는 포유류가 항온성을 가지
니까 항온동물이 좋은 전략을 취하고 있다고 생각하지만, 그게
자연에서 반드시 좋은 전략은 아니에요. 우리도 많이 먹어야 되
잖아요. 매일 먹어야 된단 말이에요. 박물관에서 뱀을 키우는데
이놈은 1년 동안 아무것도 안 줘도 살아요. 그러니까 6개월에 쥐
한 마리 줘도 아무 문제 없이 사는데, 우리는 어떤가요? 지금이 8

시 30분입니다. 제가 6시에 저녁을 먹어야 되는데 저녁을 못 먹고 두 시간 있었더니 벌써 어지러워요. 먹을 거 없으면 땅속에 들어가 잘래 하는 게 우리는 안 되는 거예요. 그 결과 지금 우리가 온통 지구를 경작지로 만들어서 엉망진창이 되어가잖아요.

하이에나 같은
티라노사우루스?

원 — 공룡이 우리가 생각했던 것하고 좀 다른 존재라는 게 지금 하나둘씩 밝혀지고 있는데, 또 하나 제가 재미있게 봤던 게, 티 라노사우루스가 〈쥐라기 공원〉 같은 영화만 봐도 쫓아다니면서 다른 놈들 잡아먹고, 때리고 하는데 이게 아니었다는 식의 연구

티라노사우루스 티라노사우루스Tyrannosaurus는 몸에 비해 거대한 머리와 길고 무거운 꼬리가 균형을 이루면서 두 다리로 걷는 육식동물이었다. 티라노사우 루스는 뒷다리가 크고 강력한 데 비해, 앞다리가 무척 작았지만 힘은 아주 강 했을 것으로 추정한다. 티라노사우루스는 육상 포식동물 중에서도 가장 큰 편 에 속한다. (생선을 주로 먹던 스피노사우루스는 훨씬 더 크지만 최근 수중 생활을 했을 것이라는 연구결과가 나오고 있다.) 난폭한 습성과 식욕으로 먹잇감을 사정없이 공 격한 뒤 배를 채웠을 것으로 추정한다. 몸길이는 12미터 정도이고 몸무게는 7 톤으로 추정하고 있다. 티라노사우루스는 가장 큰 육식공룡이었기에 최상위 포식자였을 것으로 추정한다.

가 또 있더라고요.

모 — 티라노사우루스를 보면 팔을 이렇게 굽히고 있잖아요. 티라노사우루스는 손가락이 두 개이고 팔이 짧은 데다가 팔이 가슴 근처에 있단 말이에요. 그래서 입에 닿지 않아요. 그러니까 목이 길게 나와 있어요. 그런 팔을 가지고는 사냥을 하기가 상당히 어려웠겠죠. 그러면 티라노사우루스가 정말로 사냥꾼이었나? 아니면 하이에나처럼 죽은 시체를 먹는 동물이었을까? 이런 고민이 생겨나게 되는거죠. 티라노사우루스는 눈이 덩치에 비해서 너무 작기 때문에 시력이 안 좋아서 사냥을 하기에 적합하지 않다는 의견도 있고, 티라노사우루스 두개골 구조를 보면 후각과 청각이 되게 발달되어 있는 걸 볼 수 있는데, 그래서 아마 그 정도 후각이 발달됐으면 썩은 시체를 찾기 좋았을 거라고 생각을 하죠. 뭐 이런 여러 이유 때문에 시체 청소부라고 생각하는 흐름이 생겨났죠.

하지만 또 다른 사람들은 눈이 크다고 잘 보냐 하고 반론을 펴지요. 쌍꺼풀이 있는 눈 큰 사람이 눈이 조그만 사람들보다 시력이 더 좋나요? 아니잖아요. 그런 데다가 티라노사우루스 눈은 앞으로 두 개가 달려 있어요. 그러니까 입체적인 시각이 있는 거거든요. 거기다가 코가 좋으면 시체만 잘 찾는 게 아니라 살아 있는 생물도 잘 잡을 수 있잖아요. 그러니까 충분히 사냥을 잘 할 수 있었을 거라고 생각을 하죠. 실제로 자연에는 시체만 먹는 동물이나 사냥만 하는 동물은 없어요. 시체만 먹는 동물이라고 하면 하이에나가 생각나잖아요. 그런데 하이에나가 물론 시체를 많이 먹기도 하지만, 사실은 사냥도 많이 해요. 왜냐하면 하이에나는 똑똑하고 용맹스럽기 때문에 남의 사냥한 것부터 뺏어 먹죠. 직접 사냥하는 것보다 남이 사냥한 것을 뺏어 먹는 게 편한 거죠. 자본주의 사회에서 우리들도 다 그렇게 살잖아요. 평소에도 살아 있는 동물을 잡아먹기도 하고 신선한 시체를 먹기도 하죠.

실제로 지금 현존하는 동물들 중에서 오로지 시체만 먹는 동물은 독수리밖에 없어요. 독수리는 사냥 기술이 없어요. 용맹스러운 독수리라고 하는데 사실은 안 그래요. 독수리는 활강하는 기술이 있어요. 그러니까 적은 에너지를 써서 남들이 먹던 남은 시체들만 먹어도 되는 거죠. 그런데 티라노사우루스는 이것 먹다가 저쪽 시체로 쑥 활강하고 이럴 수가 없잖아요. 그러니까 티라노사우루스가 시체만 먹을 수는 없는 거죠. 영화에서 봤던 것처럼 수각류는 되게 빨라서 시속 60킬로미터 정도로 달렸다고 생각

하이에나 하이에나Hyena는 아프리카와 아라비아 반도 등에 살며 비교적 큰 머리를 가졌으며 몸통 뒤쪽보다 앞쪽이 건장하다. 입이 크고 맹수 중에서 턱의 힘이 강력하다. 턱의 힘은 사자보다 세기 때문에 사자와 치타의 먹이를 빼앗을 수 있다. 하이에나는 암컷이 수컷보다 크며 그 무리의 우두머리이고 무리를 지어 생활하며 철저하게 서열화 되어 있다. 먹이를 사냥하면 서열이 높은 하이에나가 먼저 먹는다.

하는 사람도 있는데, 그건 말이 안 되는 거고요. 기껏해야 14킬로미터에서 40킬로미터 정도 달렸을 겁니다. 티라노사우루스가 조금 빠른 편이긴 한데, 그렇다고 언제나 그렇게 빨리 달린 건 아니고, 순간적으로 몇 분 정도 그런 거지요.

지금 우리가 공룡을 연구할 때는 지금 있는 생물들을 염두에 둬야 하거든요. 사자가 저 멀리 무슨 영양이 있다면 잡아먹기 위해서 어떻게 해요. 30분이고 한 시간이고 배를 땅에 붙이고 밀림의 왕자가 채신머리없이 땅을 기어서 살금살금 그 앞까지 가죠. 그리고 단 몇 초안에 잡아야 돼요. 사자는 빠르지만 단 몇 초만 빨라요. 그 시간 안에 잡지 못하면 가벼운 영양은 폴짝폴짝 뛰어 도망가버리죠. 뻔히 보면서도 못 잡아요. 실패하면 다른 영양들에게 노출됐으니까 굶어야죠. 그래서 〈동물의 왕국〉 같은 프로그램을 보면 얼룩말은 배가 빵빵하잖아요. 그런데 사자는 배가 항상 등에 붙어 있어요. 원래 폼을 잡고 용맹스러우면 그런 거예요. 사자는 명예가 있잖아요. 명예, 권력, 돈. 이런 게 있는데 이 셋 중에 하나만 가져야지 두세 개 가지려면 감옥에 가게 되죠. 사자는 명예를 선택했고, 얼룩말은 돈을 선택한 거나 마찬가지예요. 나는 밀림의 왕자는 아니지만 배불리 먹고 살란다 이런 거죠.

원— 흥미로운 이론이 나왔군요. 그리고 제가 들은 얘기 중에는 좀 작은 공룡들이 서로 협력을 해서 같이 사냥을 했다는 이야기도 있던데요.

모 — 상대적으로 육식공룡들은 머리가 무척 커요. 두뇌가 좋죠. 초식공룡들은 머리가 작죠. 그것의 대표적인 경우가 스테고사우루스죠. 머리가 조그마해요. 어린이 중에서 스테고사우루스를 좋아하는 경우가 의외로 적어요. 왜냐하면 머리가 작기 때문에 비례가 안 맞거든요. 상대적으로 서대문자연사박물관의 상징인 트리케라톱스는 좋아해요. 왜냐하면 머리가 웬만큼 크기 때문에 비례가 맞거든요. 그런데 이런 초식공룡들은 사실 협력할 필요가 없죠. 풀을 뜯어먹는데 "저기 있는 풀을 공격하기 위해서 우리가 협력하자"고 하진 않잖아요. 그런데 수각류인 육식공룡들은 덩치가 커서 사냥을 하려면 애를 먹었을 거예요. 초식공룡들은 육식공룡한테 들키지 말아야 하죠. 그래서 많이 위장을 합니다. 뭐 커다란 브라키오사우루스처럼 큰 놈이 삼나무 숲에 있다면 설마 저렇게 큰 놈이 숨을 수 있겠어 하지만, 실제로는 숨을 수 있죠. 심지어 코끼리 같은 것도 숨어 있잖아요. 사파리 할 때 보면 바로 옆에 큰 동물들 있는데도 모르고 지나간단 말이에요. 사실

스테고사우루스　스테고사우루스Stegosaurus는 쥐라기 후기에 현재의 북아메리카와 유럽에서 산, 크고 육중한 체격에 네 개의 짧은 다리를 가진 초식공룡이다. 스테고사우루스는 뒷다리에 비해 앞다리가 짧으며, 등이 둥글게 굽고, 머리가 꼬리보다 땅에 가까운 자세였다고 추정한다. 스테고사우루스는 등에 골침과 골판이 있어서 유명해진 공룡이다. 스테고사우루스는 목이 짧고 머리가 작아서 수풀과 관목을 먹었을 것이라고 추측한다.

구별을 잘 못해요.

그런데 들켰을 경우에는 어떻게 하겠어요? 방법은 두 가지죠. 도망가든지 싸우든지. 제일 좋은 방법은 도망가는 거죠. 도망을 가야 하는데 초식공룡들도 제법 빠르단 말이에요. 그래서 도망가기 좋죠. 싸우는 건 서로에게 절대 좋은 방법은 아니죠. 그런데 내가 수각류 공룡이라면, 저기 스테고사우루스가 한 마리 있는데, 초식이니까 내가 가서 달라붙어서 잡아먹을까 하는 건 좋은 생각이 아니에요. 그놈은 덩치가 크니까 그냥 부딪히기만 해도 다리가 부러질 수가 있어요. 그리고 야생에서 다리가 부러지면 죽는 거죠. 다리가 부러지면 다른 놈들이 공격하겠죠. 그런 큰 초식공룡을 공격하는 건 수각류 입장에서 절대로 좋은 방법이 아니에요. 예를 들어서 사자가 코끼리를 공격했다는 얘기를 들어본 적이 있어요? 사자가 먹을 게 없으면 자기네가 모여서 코끼리를 공격할 수도 있겠지만, 새끼 코끼리가 혼자 외따로 떨어져 있는 게 아닌 한 절대로 코끼리를 공격하지는 않죠. 코끼리와 부딪히기만 해도, 코끼리가 발로 툭 치기만 해도 충격이 크잖아요. 그러니까 수각류 공룡들도 다른 공룡의 알이나 새끼들이나 공격했겠죠.

공룡은
살아 있다

원 ― 그런데 공룡이 이런저런 특성을 가지고 있고, 우리가 생각했던 것만큼 아주 단순한 그런 존재는 아니었던 것 같네요. 그런데 공룡들이 특기할 만큼 아주 오랫동안 이 지구상에서 존속을하고 번성을 했단 말이지요. 그런 부분은 무슨 이유가 있을 것 같은데요.

모 ― 공룡이 오래 살았나요? 중생대가 한 1억 6,000만 년이에요. 지구의 역사에서 1억 5,000만 년을 살았다면 무지 오래 산 것 같지만, 공룡이 백악기 밑에 멸종을 하잖아요. 멸종하던 순간에 살았던 공룡은 전체 공룡 중에 1퍼센트도 안 돼요. 실제로 한 종의 공룡은 평균해서 한 100만 년쯤 살았어요. 그러니까 한 종의 수명이 100만 년쯤인 거예요. 뭉뚱그려서 1억 5,000만 년이나 버텨냈다고 대단하다고 생각하는데, 실제로는 계속 바뀐 거죠. 그러

• "공룡들이 지구를 지배했다?" •

니까 고생대에 있었던 삼엽충이나 중생대 암모나이트도 마찬가지예요. 삼엽충이 3억 년을 산 것이 아니라 계속해서 새로운 종들의 삼엽충이 탄생하면서 버텨낸 거죠.

원— 우리 어릴 때 소년 잡지 같은 데 '공룡시대'라 해서 공룡들이 지구상을 2억 년 동안 지배했다는 말은 알고 보면 다 헛소리군요.

모— 공룡이 지배하긴 했지만, 티라노사우루스가 1억 5,000만 년 살고 그런 건 아니었죠.

원— 공룡도 계속 변하고 없어지고 하며 그 큰 종족이 그렇게 오랫동안 있었다는 거죠.

모 — 사실은 공룡이 외부 요인 때문에 전격적으로 멸종하긴 했는데, 그렇지만 않았어도 훨씬 더 살았을 것 같아요. 오래 더 버텼겠죠. 왜냐하면 1억 5,000만 년을 버텨왔는데, 버텨오는 과정에서도 멸종해야 될 이유가 전혀 없었어요. 충분히 더 오래 살 수 있었는데, 멸종은 공룡의 잘못이 아니에요. 우리가 공룡이 멸종했다 하면 몸집만 키우다가 자기 스스로 견디지 못하고 죽었다고 생각하는 건 아니에요.

원 — 그런 얘기들도 있었죠.

모 — 그건 잘못된 거죠. 공룡의 멸종에 대해 생각해야 될 게 세 가지가 있는데, 첫째가 공룡은 실패의 상징이 아니라는 거예요. 공룡은 어쨌든 전체로 보면 1억 5,000만 년이나 지구를 지배하고 있었어요. 어떤 생명도 죽음을 피할 순 없지만, 지금 우리가 여태까지 지구상에서 살았던 생명의 종 가운데 99퍼센트는 과거형이거든요. 기껏해야 1퍼센트의 종밖에는 남아서 살고 있지 않단 말이에요. 그런데 공룡은 1억 5,000만 년 이상 지구를 지배하고 있었으니까 아주 성공한 존재라고 할 수가 있어요. 둘째로 생각하기에 따라서는 공룡이 일시에 멸종한 게 아니라는 사실이죠. 그러니까 백악기 말에 막판에까지 살았던 공룡들은 그들 가운데서도 1퍼센트에 해당하는 거죠. 나머지 99퍼센트는 차근차근히 죽었어요. 멸종하고 어떤 새로운 게 생기고, 하나가 비워주면 누군가가 채우고 해서. 모두 다 살아 있으면 새로운 종이 생길 수가

• 새는 공룡의 후손 •

없죠. 셋째로는 공룡이 6,500만 년 전에 죄다 멸종한 게 아니라는 거예요.

원— 아닌가요?

모— 공룡은 지금도 살아 있죠. 뭐로 남아 있냐면 바로 새로 남아 있는 거예요. 그러니까 여러분이 오늘 공룡 이야기를 듣고 나서 "공룡이 좀 땡기네, 어디 가서 공룡 한번 먹어볼까" 할 수도 있어요. 그리고 '치맥'을 하시면 됩니다. 새는 공룡 그대로예요.

원 — 결국 그러면 공룡이 어느 시점에서 분명 외부적인 요인에 의해서 크게 사라지긴 했지만, 그 공룡의 후손이 한편으로는 '새'라는 이름으로 여태까지 살아 있다, 이런 얘기죠.

모 — 그렇죠. 공룡 중에 큰 트럭만 한 것도 있지만, 보통 몸무게 1킬로그램 이하에 30센티미터 정도 되는 것도 있었거든요. 닭 같은 거죠. 닭을 보면서 공룡이구나 생각하면 크게 틀린 게 아니에요. 사실 새는 공룡의 후손이다. 좀 더 나아가면 새는 백악기 말 대멸종을 견뎌낸 공룡이라고 생각하시면 되죠.

멸종의
이유란 것이

원 ─ 그런데 한편으로는 6,500만 년 전에 무슨 일이 있어서 개체 수가 줄고, 종의 수도 줄었던 것은 사실인데. 그때에 관한 몇 가지 이론이 있지 않습니까? 뭐 운석이 떨어졌다든가 하는.

운석   운석meteorites은 우주 공간에서 지구의 지표로 떨어진 암석이다. 행성들 사이의 공간에는 혜성이나 소행성이 남긴 파편들이 떠돌아다니는데, 이들을 유성체라 부른다. 지구는 초속 30킬로미터의 속도로 태양 주위를 공전하고 있어서, 지구로 끌려 들어온 유성체는 초속 10~70킬로미터의 속도로 지구 대기로 진입한다. 대기와의 마찰 때문에 대부분은 타서 사라지지만 큰 유성체는 그 잔해가 지표면에 떨어지는데, 이것이 운석이다. 운석은 떨어지면서 큰 폭음과 밝은 빛이 난다. 만일 커다란 운석이 떨어진다면 그 폭발력은 이루 말할 수 없을 정도이고, 지표에는 커다란 크레이터를 남기고, 먼지가 온 하늘을 뒤덮어 몇 년 동안 뿌연 날씨를 만들기도 한다. 2014년에는 우리나라 진주에서도 떨어진 운석이 발견되었다.

모 ― 그렇죠. 공룡이 왜 멸종했을까를 보면 재미있는 것만 찾아도 여러 가지가 있어요. 질병 때문이다, 몸이 크다 보니 허리디스크 때문에 멸종했다, 섹스에 대한 흥미를 잃어버려서 번식을 중단했다. 독성 식물을 먹게 되었다. 곰팡이가 침입했다. 그 외에도 지구의 냉각화나 반대로 지구온난화가 되었다든지, 초신성이 방출한 방사선 때문에 멸종했다라든지, 알을 먹는 포유류들이 많아져서 번식에 실패했다라든지, 심지어 <u>태양의 흑점</u>의 영향을 받았다는 것까지 있죠.

원 ― 가능한 얘기는 모두 다 나오는군요.

모 ― 그리고 또 외계인 얘기라든지 참 많은데요. 아, 그리고 노아의 방주가 너무 좁았기 때문에 구할 수 없었다는 얘기도 있죠. 이런 얘기가 사실은 1970년대 이전까지의 이론이에요. 아주 옛날이 아니라 1970년대까지는 사람들이 이런 이야기를 했고요. 1972년쯤 됐을 때 미국 어느 부자, 아빠와 아들이 있었는데, 그아들인 월터 알바레즈란 사람으로 나중에 노벨물리학상 받았거든요. 이 사람이 'K-T 경계층'이라는 걸 발견해요. 지층에 백악

태양의 흑점 태양의 흑점은 태양 표면에서 주위보다 온도가 낮고, 강한 자기 활동을 보이는 영역이다. 대류가 이루어지지 않아 상대적으로 온도가 낮고 어둡게 보인다. 흑점은 강한 자기 활동과 연관되어 있다. 흑점의 수는 약 11년을 주기로 해서 불규칙한 변화를 보인다.

기 층이 있잖아요. 지층을 조사해보니까 백악기 층과 3기 사이에 어떤 층이 있는데, 여기서는 화석이 하나도 나오지 않는 거예요. 이 층에서는 왜 화석이 안 나오지 하고 생각했죠. 그 층의 시기가 6,500만 년 전이거든요. 그런데 그 층을 조사해보니까 '이리듐Ir' 이라는, 원자번호 77번의 원소들이 아주 많아요. 이리듐은 무거 운 원소라서 지구가 형성되는 초기에 이미 중력으로 인해 지구

알바레즈 부자 아버지 루이스 월터 알바레즈Luis Walter Alvarez는 미국의 실험 물리학자로 1968년에 노벨 물리학상을 받았다. 방사선과 핵반응에 관한 연구를 했으며, 입자 가속기를 연구했다. 그는 아들인 지질학자 월터 알바레즈와 함께 백악기 때의 대멸종을 밝히는 업적을 쌓는다. 월터 알바레즈는 이탈리아의 협곡에서 K-T(백악기-제3기) 경계층 위아래의 석회암 층을 조사하면서 점토층에는 우주에서 유입된 이리듐이 쌓여 있다는 결론에 이르렀다. 그 때문에 소행성이나 운석의 직접적인 충돌 때문에 공룡이 멸종했다는 가설을 세웠다. 1980년에 그들은 이 가설을 발표하고, 10년 뒤에 유카탄 반도에서 거대한 크레이터가 발견되어 그들의 주장에 힘을 실어주었다.

K-T 경계층 지구 전 지역에서 관찰되는 1센티미터에서 3센티미터 정도의 얇고 붉은 점토층으로 시기적으로는 백악기와 제3기의 지질 사이인 6,500만 년 전이며, 여기에 이리듐 성분이 다른 층보다 훨씬 많이 포함되어 있다.

이리듐 이리듐Iridium은 1803년에 발견되었다. 이것의 화합물이 여러 가지 다양한 색깔이 나기에 그리스 신화에 나오는 무지개의 여신 이리스Iris를 따서 원소 이름을 지었다. 지각에 비해 운석에 훨씬 높은 농도로 들어 있다. 이리듐은 녹는점이 높고, 잘 부식하지 않아 금속 자체로도 활용하며, 다른 금속과의 합금에도 쓰인다. 점화플러그의 전기 접점이나 소금물의 전기 분해 공정에 사용되는 전극, 생체 이식 장치 등에 사용한다.

내부로 가라앉아버렸기 때문에 지각에는 별로 없는 원소예요. 지각에 없는데 왜 그 층에만 많을까? 그래서 이 시기에 소행성이 지구하고 '꽝' 부딪쳤다고 생각했죠. 1972년에 'K-T 경계층'이라는 걸 발견을 하고 1980년에 이 사실을 발표해요. 어마어마한 사건이었죠. 하지만 저도 1980년이면 꽤 컸을 때인데도 그런 중요한 발표를 몰랐거든요. 우리는 1980년에는 공룡의 멸종과 같은 사건에는 신경 쓸 수가 없었죠. 광주에서 난리가 나고 있는데 그런 생각을 할 여지도 없이 지나간 거예요.

아무튼, 소행성이 지구에 부딪혔으면 어디에 떨어졌나를 찾아야 되잖아요? 그래서 멕시코 유카탄 반도의 칙술룹이란 곳에서 지름 200킬로미터의 커다란 분화구를 찾게 돼요. 그걸 찾은 게 1991년이에요. 불과 몇년 되지 않은 거죠. 지금 우리는 다 누구나 소행성이 지구와 충돌해서 6,500만 년 전에 공룡이 멸종했다고 알고 있으니까 아주 오래전에 알려진 사실 같지만, 1991년에나 확실해진 거거든요. 여러분이 다 태어난 후에 알게된 사실이니까, 우리가 안 게 정말 얼마 되지가 않아요. 이 이론이 상당히 폭넓게 인정되고 있긴 하지만 사실, 이것도 유력한 이야기일 뿐이죠. 또 어떤 사람들은 이 시기에 해수면이 갑자기 하강하고, 화산이 폭발하고, 조그만 소행성이 폭발하고 이런 여러 가지 일이 동시다발적으로 일어나서 공룡이 멸종하게 되었다고도 말하기도 하는데, 사람들은 설명할 때 간단한 걸 좋아하거든요. 이게

• 소행성이 지구와 부딪쳐 공룡이 멸종했다는 설이 있다 •

맞을지 저게 맞을지 모를 경우에는 단순하게 설명될 수 있는 걸 받아들이게 된다는 거예요. 그런데 지금은 소행성 충돌설이 가장 간단하게 설명할 수 있고, 증거도 충분하니까 그것을 정설로 받아들이고 있는 거죠.

원 — 우리는 어릴 때 별의별 얘기를 다 들었는데 이렇게 90년대에 정리가 되었다는 거네요. 보통 사람들은 음모론, 이런 거 좋아하잖아요. 고대 문명, 외계인, UFO 같은 거 좋아하거든요. 그래서 6,500만 년 전에 떨어졌다는 소행성이라는 것도 무슨 이유에선지는 모르지만 그쪽이랑 연관되어 자꾸 이야기해요. 그게 멕시코 유카탄 반도라고, 그 멕시코 동쪽 바다 쪽에 있는 곳인데,

화산 분화구가 아니라 충돌 분화구죠. 이게 너무너무 크기 때문에 육안으로 볼 수 있는 그런 크기가 아니에요. 거기에 사는 사람들도 분화구인지 아무도 몰랐던 거죠. 그런데 위성사진으로 보면 이렇게 윤곽이 보이고, 거기 떨어진 소행성이 지름이 최소 5킬로미터에서 최대 15킬로미터 정도 되었을 것이다. 그 정도의 소행성이 지금 떨어지면 우리는 전부 다 죽죠. 거의 대부분 죽고 99퍼센트가 멸종한다고 보면 되니까, 그 시점에 그런 일이 일어났다는 건 잘 먹고 잘 살던 공룡들이 결국은 대부분 사라질 수밖에 없었다는 그런 얘기겠죠.

초식공룡의
뿔은 뭐?

모 — 공룡 멸종 얘기가 나오니까 공룡 얘기를 끝내야 될 것 같은 기분이 드는데 중요한 얘기가 하나 빠졌어요. 초식공룡들에는 이렇게 뼈가 튀어나온 장식들이 많잖아요. 도대체 저게 뭘까 생각했는데 옛날에는 그게 무기라고 많이 생각했어요. 트리케라톱스의 세 개의 뼈, 뿔, 프릴 이런 것들 있잖아요. 그런데 이걸 잘

트리케라톱스 트리케라톱스Triceratops란 이름은 '세 개의 뿔이 있는 얼굴'이라는 뜻으로, 이 초식공룡은 코 위에 짧은 뿔이 하나 있고, 이마에 길이가 1미터가 넘는 큰 뿔이 두 개 있다. 뿔이 있는 공룡 가운데는 크고 무거운 편이다. 꽤나 번성하여 흔한 공룡 중 하나였는데, 나뭇잎이나 열매를 먹으며 살았다고 짐작한다. 그 이유는 입이 앵무새 부리처럼 생겼고, 턱이 잘 발달했으며, 입 안에는 가위처럼 생긴 날카로운 이빨이 있어 식물의 질긴 섬유를 잘 먹을 수 있으리라고 여기기 때문이다. 공룡 멸종의 최후까지 살아남은 공룡이라고 추측하고 있다.

· 트리케라톱스 ·

관찰해보면 무기라고 하기에는 너무 쓸모가 없어요. 어떤 건 프
릴 두께가 1센티미터밖에 안 되는 게 있거든요. 그리고 무기라면
상대방을 공격하거나 방어하려면 자연선택에서 적어도 한두 가
지 방식을 선택했을 거예요. 그런데 종류가 너무 다양해요. 뿔이
아래쪽을 향해 나 있는 거도 있거든요. 뿔이 아래쪽을 향해 있는
데 그걸로 어떻게 공격을 하겠어요?

원 ― 그렇겠네요.

모— 그래서 이 뿔을 공격용으로 사용하는 건 적당하지 않은 거예요. 그래서 두 번째 나온 이야기가 초식공룡의 장식, 그러니까 프릴이 체온 조절용이라는 거거든요. 왜냐하면 프릴에서 무수히 많은 모세혈관이 발견됐는데, 모세혈관이 많으니까 체온을 덥히고 줄이기에 좋은 거라고 생각을 했죠. 이게 방어용이라면 물리면 피가 줄줄 흐를 거 아니에요. 피가 흐른다는 건 싸울 때 좋은 조건은 아니니까요. 그래서 체온 조절용이라고 생각했는데, 체온 조절용이라고 하기에도 설계가 너무나 다양해요. 진화는 보통 그렇지 않거든요. 진화는 선택을 하게 되어 있는데, 너무나 다양하니까 그것도 아닌 거 같다는 말이죠. 그래서 요즘에는 주요 학설이 신호를 보내는 용도라는 거예요. 너랑 나는 같은 종이라는 신호를 보내는 거다 하는 겁니다. 같은 종도 아닌데 짝짓기를 하려고 에너지 쓰면 손해잖아요. 그런데 조금 생각해보면 설마 장식이 없으면 같은 종인지 아닌지 그것도 못 알아보겠냐는 생각이 들지 않겠어요? 사실 저도 그렇게 생각하거든요.

그래서 요즘은 가장 유력한 설이 구애를 하기 위한 용도라는 것입니다. 짝짓기를 하기 위해서 구애를 하고, 그들 종 안의 구성원끼리 경쟁을 하기 위한 거라고 생각을 하죠. 공작이나 사슴의 뿔 같은 것도 마찬가지잖아요. 그 장식이 화려할수록 구애활동에 도움이 되는 식으로 진화해온 거잖아요. 이런 사례는 너무 많아요. 개미, 딱정벌레, 카멜레온, 영양, 사슴, 뭐 이렇게 뿔이

나 뿔처럼 생긴 구조를 가진 것들이 다 그런 식이니까. 왜냐하면 진화에 있어서 생존에 못지않게 번식에 대한 욕구도 굉장히 중요하거든요. 그러니까 초식공룡들이 여기에 에너지를 쓸 만하다고 생각을 하게 되는 거죠. 그렇게 생각하는 또 하나의 이유는 이런 장식적인 액세서리들이 어릴 때는 잘 안 생기고 성체가 됐을 때 생기거든요. 이게 뭐 방어무기라면 어릴 때 더 필요하잖아요. 공룡이 자라면 덩치로 막아주니까. 다 큰 다음에 생기는 걸 보면 이게 번식을 위한 도구라고 생각하게 된다는 얘기죠. 초식공룡의 장식이 짝짓기를 위한 과시의 용도라면 다 자란 다음에 장식이 생기는 게 더 상식적으로 보이는 거죠. 하지만 의문들은 계속 남아 있어요. 10년 쯤 지난 다음에 이야기하면, 오늘 했던 것과 전혀 다른 이야기를 할지도 모르죠. 그게 바로 과학이거든요. 계속 선배의 업적을 배신해나가는 게 과학입니다.

공룡이 멸종하지 않았으면
인간은 없다

원 ─ 여기서 공룡 얘기는 대충 정리를 해야 될 것 같고요. 그리고 그 질문지를 주셔서 얘기를 계속하면 새로운 얘기가 많이 나올 것 같습니다. 질문지가 꽤 들어왔는데 먼저 "트리케라톱스의 뿔 세 개 중에 두 개는 큰데, 왜 하나는 작은가요?" 이것부터 하죠. 이런 것도 현대 과학으로 답이 가능할까요?

모 ─ 물론 큰 뿔이 세 개 있으면 멋은 있겠지만, 이게 워낙 짝짓기용 신호라 했으니까, 멋만 부릴 수는 없잖아요? 커다란 것이 앞에 있으면 자기 시야를 가릴 수도 있고…. 그래서 자연선택에서 좋은 방법은 아니었을 것 같아요. 질문 하신 분은 세 개 다 컸으면 좋겠어요? 제가 그냥 생각하기에는 뿔이 세 개가 다 컸으면 절대로 생존에 유리하지 않았을 것 같아요.

원 ─ 자연선택이라는 게 결국 생존에 유리한 것만 선택하게 되는 건데, 이 세 개의 뿔이 난다는 건 그만큼 거기에 에너지가 투입이 되게 되는데 그게 낭비일 수 있고 효율이 떨어진다는 얘기겠죠?

모― 그렇죠.

원― 그런데 이 질문을 한 사람도 어쨌든 세 개의 뿔 중에 하나는 작다는 걸 기억을 할 정도로 관심도 깊고 관찰력도 있네요.

모― 트리케라톱스 그림을 보면 위에 있는 두 개는 크고, 마지막 건 왜 작은가 하는 거죠?. 이게 이 정도면 사실 작지 않아요. 대전에 국립중앙과학관에 가시면 진품 트리케라톱스가 있어요. 물론 진짜는 실제로는 그렇게 예쁘지 않고 복제품이 훨씬 더 예뻐요.

원― 다음 질문입니다. "어떤 이유에서건 99퍼센트의 공룡이 멸종 후에 상대적으로 번식력이 떨어지고 개체수도 적었던 포유류가 대세가 될 수 있었던 이유가 뭘까요?"

모― 이건 중요한 질문입니다. 공룡이 멸종을 했기 때문이죠. 아까 12월 10일부터 12월 24일까지 공룡이 있다고 했잖아요. 12월 31일을 잠깐만 보면 사람은 12월 31일 밤 11시 50분쯤에 <u>호모사</u>

자연선택 찰스 다윈의 진화론에서 가장 핵심이 되는 부분으로 같은 종의 생물 개체 사이에서 환경에 적응하여 생존경쟁에 유리한 것만이 살아남는다는 이론이다. 환경에 적응하여 생존경쟁에 유리한 것이 많은 자손을 남기며, 그래서 세대가 지날수록 그런 것들만 생존하게 된다는 것이다. 생물 개체의 차이는 유전적인 것일 수도 있으며, 돌연변이에 의한 특징일 수도 있다.

피엔스가 아프리카를 탈출합니다. 최초의 인류가 그때 있었던 건 아니고 인류들이 그 전에도 많이 있었는데, 지금의 인류가 아프리카에 탈출한 게 11시 50분쯤 입니다. 12월 31일만 보면 12월 31일 오전 10시쯤에 침팬지 계통과 우리가 갈라서죠. 그러니까 공룡이 12일부터 24일까지 살았잖아요. 그런데 사람은 12월 31일 오전 10시에 침팬지와 갈라지기 시작하는 거예요. 그리고 오후 4시가 되면 두 발로 직립보행을 합니다. 그리고 11시 50분쯤 되면 호모사피엔스가 아프리카에서 탈출하고, 단 5분 만에 살았던 초기 인류들을 다 대체했죠. 지금 우리가 자정에 있는 거예요.

호모사피엔스의 아프리카 탈출 현재까지의 연구 결과에 따르면 인간Homo Sapience이 속한 인류속Genus Homosms 여러 갈래지만 모두 그 기원은 아프리카로 알려져 있다. 호모사피엔스도 그 인류속 가운데 한 분야일 따름이다. 하지만 호모사피엔스는 대략 10만 년 전에서 6만 5,000년 전에 아프리카를 떠나 유럽과 아시아로 이주를 하여 지구상에 널리 퍼지기 시작했다. 이것은 큰 사건이었으며, 전 세계를 호모사피엔스가 차지하게 된 사건이었다. 물론 호모사피엔스 이외에도 아프리카를 탈출한 인류속은 있었지만, 그후 모두 멸종하고 만다.

침팬지 아프리카의 열대의 삼림과 사바나에 살고 있는 영장류이다. 포유류 가운데서는 사람과 가장 근인관계에 있는 동물이기도 하다. 현재 지구상에 남아 있는 영장류 포유류는 이 침팬지와 보노보와 같은 이종 침팬지들, 아프리카 삼림에서 사는 고릴라와 인도네시아에서 살고 있는 오랑우탄 등이다. 침팬지는 30에서 80마리 정도가 모여 집단생활을 하며, 과일과 나뭇잎, 그리고 곤충를 주로 먹으며 때로는 사냥을 통해 육식을 하기도 한다. 제인 구달의 연구에 의해 야생 침팬지의 많은 생태가 알려졌다.

• 공룡 멸종 후 긴털매머드처럼 어마어마하게 큰 덩치들도 생겼다 •

고생대, 중생대, 신생대를 나누는 가장 큰 이유가, 뭘 근거로 하느냐 하면 멸종이에요. 고생대하고 중생대 사이가 'Come, 오실 때 석탄 퍼오시면 튀긴 쥐포 백 마리 드릴게요'에서 '퍼오시면'과 '튀긴' 사이예요. 이때 지구 역사상 가장 큰 멸종이 있었어요. 대멸종이 있는 거고, 중생대에 또 대멸종이 있는 거죠. 고생대, 중생대, 신생대를 나누는 이유는 큰 멸종이 있었기 때문이거든요. 지금까지 한 다섯 번 정도의 대멸종이 있었어요. 첫 번째가 오르도비스 말에 한 번 멸종이 있었고, 그다음에 데본기에 멸종,

그다음에 페름기에 가장 큰 멸종이 있었고. 트라이아스기 중간쯤에도 또 한 번 멸종이 있어요, 그러면서 공룡들이 등장을 한다고요. 지구라는 공간은 한정되어 있잖아요. 남들이 살고 있으면 공룡이 등장을 할 수가 없어요. 그러니까 누군가 자리를 계속 비워줘야만 있는 거죠. 그리고 백악기에도 공룡의 잘못이 아니고 소행성 충돌 때문에 멸종하게 됐어요. 그러니까 트라이아스기 때부터 이 당시까지도 포유류가 있었단 말이에요. 하지만 포유류들은 별 볼 일 없었는데, 공룡이 자리를 비워줬어요. 그러니까 포유류는 주인 없는 빈 공간에서 주인이 될 수가 있었죠. 몸집도 점점 커지고. 그래서 긴털매머드처럼 어마어마한 덩치들도 생기게 된 거죠. 만약에 공룡들이 멸종하지 않았다면 우리는 없는 거죠. 그러니까 1억 5,000만 년 살았는데, 그다음에 6,500만 지났잖아요. 공룡들이 "좋아, 우리가 중생대에서 한 5,000만 년만 더 살자" 했으면 우리는 아직까지도 지구에서 태어날 기회가 없었어요.

긴털매머드 매머드는 홍적세 중기인 약 480만 년 전부터 있었지만 이들은 주로 따뜻한 기후에서 살던 것이고, 70만 년 전 빙하기가 시작되면서 멸종했다. 추운 지방에 적응했던 종들만 살아남아, 30만 년 전 긴 털을 가진 추위에 강한 매머드들이 번성하다. 약 1만 년 전인 홍적세 말에 절멸했다. 현재까지 얼음 속에서 죽은 매머드가 동부 시베리아를 중심으로 알래스카 등지에서 많이 발견되었다. 얼음 속에서 냉동 보관되어 원형을 유지하고 혈액이 그대로 남아 있기도 하며, 이를 이용해 복원하려는 움직임까지 있다.

인간이 태어날 때까지는 공룡이 멸종한 다음에 신생대 들어서 6,500만 년이 걸렸잖아요. 그런데 공룡들이 5,000만 년쯤 더 살았다면, 앞으로 우리는 5,000만 년 더 지나야만 나타날 수 있었겠죠. 새로운 게 등장하기 위해서는 누군가 자리를 비워줘야 해요. 그래서 하나, 둘, 셋, 넷, 다섯 번째. 오르도브스기, 데본기, 페름기, 트라이아스기, 백악기까지 다섯 번의 큰 멸종이 있었고, 지금이 여섯 번째 멸종이에요. 요즘 교과서를 보면 여섯 번째 멸종이 들어 있거든요. 페름기 대멸종보다 속도가 최소한 100배에서 3,000배 정도 빨라졌어요. 그게 언제부터냐 하면 어떤 사람들은 산업혁명부터라고 하고, 어떤 사람은 1945년부터라고 하죠. 아주 정확한 시기를 이야기하는 거죠. 기껏해야 150년밖에 차이가 안 나니까. 이때부터 우리들은 생명들이 막 멸종하고 있는 단계에 지금 우리가 있는 거예요. 그러니까 우리한테도 멸종의 시기가 닥쳐왔다고 볼 수가 있는 거죠.

그런데 공룡은 한 100만 년씩 살았지만 전체로 보면 보통 한 종들은 200만 년씩 살았거든요. 그런데 호모사피엔스는 200만 년이 채 되지 않았지만, 우리가 하는 걸로 봐서는 훨씬 더 빨리 멸종이 될 수도 있죠. 지구에 70억 명이 사는데, 70억 명이 모두 하나의 종이에요. 어떤 동물도 이런 동물은 없거든요. 동네마다 다른 종이 살고 있잖아요. 지구 자체에 70억이 살고 있어요. 얼마나 많은 거냐 하면 지구에 모든 개미를 다 합쳐 그 무게를 다 합하면 사람이 그 무게만큼 되는 거예요. 개미 종류가 얼마나 많아요? 개미는 1만 2,000종에서 1만 4,000종이나 돼요. 그 개미는 거의 모든 곳에서 다 살잖아요. 그 개미를 다 모아봐야 인류라는 하나의 종 무게밖에 안 되는 거예요. 그 인류가 지구를 다 차지하고서 석유와 석탄 다 써버리고 있잖아요.

나온 김에 그 얘기도 할까요? '석탄기'라고 있잖아요. 석탄기가 왜 석탄기냐 하면 석탄이 그때 생겼으니까 석탄기예요. 석탄은 나무가 모여서 석탄이 됐다 그러잖아요. 나무는 계속 있잖아요. 지금 더 많잖아요. 그러면 지금은 석탄이 왜 안 생길까요? 석탄이 계속해서 생기면 떨어질 걱정할 게 없잖아요. 이 석탄기 때는 산소가 엄청 많아서 나무들이 쑥쑥 잘 자랐대요. 조건이 무척 좋았던 것이죠. 당시 나무들은 뿌리가 약해요. 그런데도 나무는 어마어마하게 크게 자라요. 산까지 꽉 찼는데 산 위에서 나무가 하나 툭 쓰러지면 도미노처럼 다 쓰러지겠죠. 그러면 그 나무가 썩는 게 정상인데, 그 나무가 썩으려면 미생물이 있어야 되죠. 물론 그 당시에도 많은 미생물이 있었지만, 나무를 썩게 하는 미생물은 석탄기에는 아직 등장하지 않았어요. 그러니까 나무는 쓰러져 묻히는데, 썩지는 못했단 말이죠. 산소가 나무 섬유속의 탄소와 결합해서 썩으면 그게 이산화탄소가 되잖아요. 그래야 산소가 줄어드는데, 산소가 탄소와 결합할 필요가 없으니까 대기 중에는 산소가 점점 늘어나고 있고요. 그러면서 6,000만

년 동안 석탄이 쌓였는데, 그걸 우리가 단 200년 동안 다 쓰고 있는 셈이죠. 그런데 앞으로는 영원히 석탄기는 오지 않을 거란 말이에요. 왜냐하면 그 나무를 썩게 하는 미생물이 창궐하고 있기 때문에. 바로 이게 문제죠.

원— 이게 이제 말씀하신 것 중에 인상적인 부분이 왜 우리가 무슨 자연을 파괴하고 환경을 파괴하면, 인간도 멸망할 수 있다는 이런 얘기를 하기는 하죠. 그런데 대개 우리는 그 사실을 사회적이고 문명적인 느낌으로 생각하고 받아들이는 데 익숙하다는 겁니다. 그런데 생물학에서의 '인류세'라는 개념으로 말하면, 지금 현재 실제로 동물계의 대멸종이 일어나고 있고, 그 원인이 우리 인간들이라는 것을 이야기하는 상태까지 되었다는 거죠. 그런 점에서 좀 다시 한 번 생각해봐야 하지 않나 하는 생각이 듭니다. 그런데 이 질문을 한 사람이 추가로 "여담인데, 매년 공룡을 연구하는 100명의 학자가 모여서 공룡 토론을 하나요? 귀엽다! ㅋㅋ ㅋ"라고 덧붙였습니다.

모 ― 공룡학회는 계속 열리겠죠? 하지만 그 누군가는 어디에선 가 탐사를 하고 있어야 되기 때문에 100명이 다 모이지는 못할 겁 니다. 탐사할 때는 어마어마하게 많은 사람들이 가더라고요. 옛 날에는 수백 명이 가고 그러더라고요. 그래서 몽골에서 <u>오비랍</u> <u>토르</u>를 발굴할 때 보면, 갈 때 석회를 가지고 가요. 왜냐하면 발 굴해서 나온 것을 석회에 싸와야 하기 때문인데, 생각보다 많이 나오는 거예요. 너무 많이 나오니까 먹을려고 가져갔던 밀가루 를 반죽해서 싸요. 그렇게만 하는 게 아니라 다시 천으로 싸야 하

오비랍토르 '오비랍토르Oviraptor'란 이름은 '알 도둑'이라는 뜻으로, 몽골에서 이 공룡의 화석이 다른 공룡의 알과 함께 발견된 것으로 생각해서 이런 이름 을 붙였지만, 나중에 이 알들이 자신의 알로 밝혀졌다. 또 최근에는 이들이 알 을 품고 있는 화석이 발견되어, 새처럼 알을 품었다는 사실을 알 수 있다. 주둥 이가 새의 부리처럼 생겼고 짧고, 이빨은 없다. 타조처럼 튼튼한 뒷다리로 빨리 뛸 수 있었을 것으로 짐작하며 크기는 약 2미터 정도였다.

거든요. 가지고 간 천도 부족해서 차에 있는 차양도 다 떼고, 걸레도 다 쓰고, 나중에는 자기가 입던 속옷까지 싸서 운반하더라고요. 요즘은 교통이 훨씬 더 좋기 때문에 그 정도까지는 아니지만요. 우리나라 공룡학회가 작년 8월에 광주에서 세계공룡학회를 했습니다. 공룡학자는 100명밖에 안되지만 훨씬 많은 사람들이 모이죠. 관심이 많으니까. 전 세계 많은 아이들이 13세까지는 공룡에 다 빠져 있어요. 13세가 되면 다 공룡을 잊어버리기 시작하죠.

석유 사업을 하는 사람들이
환경 위기를 지우려 한다

원— 다음 질문입니다. "공룡 멸종 후, 신생대 시기엔 기후가 급변합니다. 에오세 이후 사막화, 빙하기까지. 기후 변화는 인간이 아니라도 계속 변하는데, 기후 변화라는 것으로 지금 사람들을 겁주는 것일 수 있지 있나요?" 이렇게 질문을 했네요.

모— 그러니까 이산화탄소의 농도도 항상 변해왔고, 온도도 계속 변했죠. 그런데 지금처럼 산업혁명 이후 아주 짧은 시간 안에 이렇게 급격히 변한 적은 없어요. 옛날 같으면 몇백만 년이 걸렸어야 할 변화를 우리는 단 200년 사이에 경험하고 있거든요. 그러니까 옛날에 만일 이런 식으로 변화했으면 생명체들이 적응을 하기가 참 힘들었을 거예요. 지금은 우리도 적응을 하기가 어렵잖아요. 요즘은 봄이나 가을에 춘추복을 입어도 기껏해야 한 일주일밖에 못 입더라고요. 우리가 생각할 때 10년 전, 20년 전하고는 다른 상황인 것 같아요. 기후가 이렇게 빨리 변하면 생물들이 살지 못했겠죠. 우리야 인간들이야 어떻게든 에어컨도 틀고 난로도 때고 해서 살지만 다른 동물들은 쉽지 않을 거예요.

원— 적응을 하기 힘들다?

모— 동물들이 사람 말을 못해서 그렇지, 사실 누가 했는지도 몰라요.

원— 그러니까 사실은 음모론 계통에도 이런 주장이 있어요. 사실 지구온난화라는 것은 없고 이산화탄소 배출 이런 것들이 실제로 이런 문제를 일으키는 게 아니라 일종의 음모가 숨어 있다는 주장이 있는데, 거기에도 나름대로의 이론이 있지만 이정모

이산화탄소 농도 이산화탄소 농도는 빙하기에는 떨어졌다 따뜻한 간빙기에는 올라간다. 계절적인 영향도 있어서 북반부는 여름에는 떨어지고 겨울에는 올라간다. 지금의 이산화탄소 농도가 올라가는 것은 산업사회로 들어서면서부터 증가했다. 이산화탄소는 공기 중에서 지구 표면에서 반사되는 열에너지를 흡수하여 다시 지구의 대기층으로 방출하는 역할을 한다. 산업화와 화석 연료 사용이 증가해서 공기 중에 이산화탄소의 농도가 높아지고, 이 때문에 지구가 점점 더워진다는 것을 '온실 효과'라 하고, 그 결과 '지구온난화'가 일어난다는 것이다.

지구온난화 산업화 이루 200여 년 동안 화석 연료의 사용 증가는 이산화탄소의 증가를 가져왔다. 이와 아울러 인구의 증가는 더 많은 농경지가 필요했으며, 그래서 이산화탄소를 소비하고 산소를 만들어내는 삼림이 점차 줄어들었다. 그 결과 온실 효과 때문에 지구의 기온이 과거 어느 때보다 급격하게 상승하고 있으며, 홍수, 폭우, 사막화, 태풍의 위력 증대와 같은 기후 이상이 이어지고 있다.

• "북극에 얼음 다 녹으면 나는 어디 살아요?" •

관장님이 보기에는 실제로 기후가 빠르게 변하고 있다는 말씀인 거죠?

모― 그런 쪽을 <u>환경회의주의</u>라고 하잖아요. 그쪽에 연구비가 어디에서 나오는지 따져볼 필요가 있을 거예요. 그 연구비가 대개 석유산업 쪽에서 나오고 있습니다. 거기서 원하는 대로 해석해줄 수밖에 없는 거죠.

원 ─ 네, 다음 질문입니다. "박물관장으로서 고대 생물 공룡 등 으로부터 인간이 배워야할 점은 뭐가 있을까요?"

모 ─ 무엇을 또 배워야 되나요? 우리가? 서로 관심이 있어야 되 는데, 고대 생물은 "나중에 한 몇억 년 후에 인간이라는 게 태어 날 거니까 교훈을 남겨주어야겠다"라고 생각하지 않았을 거예 요. 가르치려고 들지 않았는데, 굳이 우리가 배워야 될 게 뭐가 있을까요? 꼭 자연에서 뭘 배워야 된다는 것은 우리 강박관념이 아닐까요? 우리는 어쨌든지 이기적인 마음으로 좀 더 인간이란 종을 오래 살아남도록 하고 싶잖아요. 저는 살만큼 살았다고 생 각할 수도 있겠지만, 제 딸도 있고, 미래의 손자도 있고. 오래 살 았으면 좋겠거든요. 동물들이 오래 살 수 있었던 것은 환경에 적 응했기 때문이에요. 우리는 환경에 적응하려 하지 않고 환경을 바꾸려고 하고 있죠.

제가 일산에 살고 있는데요, 일산은 1980년대 초만 해도 늪지 대였어요. 늪이고 논이었단 말이에요. 그러니까 거기 살려면, 환경에 적응하려면 수상가옥을 짓고 살아야 되죠. 그런데 산을

환경회의주의 환경회의주의는 환경주의자들이나 환경 과학자들이 환경의 위기를 지나치게 부풀려 부각시키고 있다고 주장하는 것을 말한다. 이들은 지 구의 기후 변화나 온난화는 산업화 이전부터 있었던 현상이며, 전체 지구의 기 후 변화에 대해서는 불가지론의 입장을 취한다.

깎아가지고 제방을 쌓고 또 메워서 20층 아파트를 짓고 있단 말이에요. 다른 동물들은 그런 동물들이 없어요. 모든 생물체들은 그 환경에 맞춰서 살아요. 그래서 지속가능성을 갖고 있는데 인간은 그게 아니라 환경을 바꿔버리는 거죠. 제가 원주에 있는 '한알학교'라는 대안학교에 1년 정도 일주일에 하루 가서 강의를 했는데, 거기에 여주 쪽으로 흐르는 여강이란 강이 흘러요. 강이 얼마나 아름다운지 몰라요. 그래서 거기를 가면서 일부러 고속도로로 안 가고 시골길로 가는데. 저 멀리서 뭔가 여강 끝에서 공사를 하고 있더라고요. 그 여강에 구비가 만들어질 때까지 몇천 년, 몇만 년이 걸렸을 거예요. 그런데 한 달 만에 그걸 직선으로 만들어버리더라고요. 원래 초록이 울창했던 곳을 그냥 흙색의 직선을 만들어버려요. 깜짝 놀랐어요. 자연이 몇천 년, 몇만 년에 걸린 것을 인간은 한 달이면 이렇게 만드는구나. 인간이 정말 무섭다고 생각을 했죠. 그런데 거기에 있는 많은 생물들은 거기에 맞춰 살았잖아요. 인간들도 마찬가지거든요. 그 물의 흐름이나 맞춰서 농사를 짓고 살았어요. 그런데 한 달 만에 모든 것을 바꿔버렸단 말이에요. 우리가 거기에 적응할 수 있을까요? 적응하기 어려울 거예요. 인간은 어쨌든 세상을 바꿀 수 있는 능력이 있어요. 절대로 있는 그대로 살지는 않을 거예요.

하지만 그 속도는 따져볼 필요가 있는 거죠. 내가 자연이나 환경들이 적응할 수 있을 만큼 해야지, 그렇지 않으면 생물들도 적응 못하고 우리도 적응하지 못할 수 있죠. 요즘 신문에 벌이 없어진다고 하잖아요. 우리가 먹는 세계 곡물의 40퍼센트는 벌이 수정시켜주거든요. 그러니까 벌이 없어지는 순간, 곡물을 못 얻을 수가 있어요. 그 넓은 곡물 밭을 인공수정을 해줄 수는 없잖아요. 그렇게 벌이 아무것도 아닌 것 같지만 우리에게는 직접 영향을 받을 수 있는 것이죠. 농약을 쓰는 것이라든지 그런 일들에 조심을 해야죠. 식량을 증산해야 되지 않느냐고 하는데 사실 지금 전 세계 사람들이 먹고 남을 만큼 식량은 얻고 있거든요. 그걸 어떻게 분배하느냐가 문제인 거죠. 그런데 우리는 지적인 생명체잖아요. 수학을 할 줄 알고, 미분과 적분을 할 줄 아는 지적인 생명체는 무작정 눈앞에 보이는 걸 채우는 게 아니라 무언가 다른 방식으로, 좀 더 합리적인 방법을 찾을 필요가 있는데, 실제로 이 세상 바꾸는 데는 수학적이지 않은 게 가장 큰 문제인 것 같아요.

원— 수학은 과학의 기초이고, 또 수학으로 해결하지 못하는 것을 해결하는 우리의 현명함이 필요한 것이고, 사실 우리는 자꾸 습관적으로 편한 걸 찾아가잖아요. 당장 편한 거, 당장 좋은 거, 저도 일산에 살아요. 일산 좋아요. 왜냐하면 옛날부터 있던 촌락이 아니라, 다 계획을 해서 정리해서 지어놓은 것이기 때문에 굉장히 반듯하고 길도 잘 뚫려 있고 좋아요. 그런데 이런 게 편하긴 한데, 여강도 그렇고, 지금 4대강도 그렇고요. 편하자고 하는데, 당장에 수십 년은 괜찮겠지만, 정말 긴 세월 동안 편한 게 우리에게 어떤 영향을 끼칠지, 생태계를 어떻게 바꿀지 모르죠. 수백, 수천 년, 수만 년이 지났을 때 이후에 어떤 결과가 나올지 알 수 없는 상황에서, 우리가 자연을 너무나 많이 마음대로 바꾸고 있다는 게 위험성이 있는 것 같아요. 저 역시 우리가 만약에 스스로에 의해서 멸망하게 된다면, 그런 부분도 상당히 역할을 할 가능성이 있지 않은가 하는 생각이 듭니다.

모 — 그러니까 공룡이 소행성이 부딪혀가지고 별종을 했잖아요. 사실은 그 위험성은 언제나 있거든요. 세상에 핵이란 것을 개발해 가지고 있잖아요. 핵이 터지면 소행성 터지는 거랑 똑같은 걸 우리가 경험할 수 있겠죠. 그래서 칼 세이건이 평생 동안 핵의 위험성을 이야기한 거거든요. "바로 핵폭탄 때문에 우리가 멸종될 것이다. 우주에 소행성이 떠다니지만, 그것은 우리가 피할 수가

칼 세이건 칼 세이건(Carl Edward Sagan)(1934년~1996년)은 미국의 천문학자이자 작가이자 자연과학을 아우르는 대중 운동가이다. 세이건은 외계생물학이란 학문을 창시하여 외계 지적 생명체 탐사 계획을 지원했으며, 미국 항공우주국 NASA의 자문위원으로도 참가했다. 또한 냉전 말기에는 핵 겨울 이론을 통해 핵 전쟁의 위험을 경고하기도 했다. 또한 과학 대중서 작가뿐만 아니라, 텔레비전 다큐멘터리 시리즈 〈코스모스(Cosmos)〉의 제작자이자 공저자로도 명성을 얻었다. 이 프로그램은 다큐멘터리와 함께 책으로도 나와 세계적인 베스트셀러가 되었다. SF 소설인 『콘택트(Contact)』를 쓰기도 했으며, 많은 과학 논문과 대중 기사를 발표했다.

없다. 그런데 외부의 소행성이 아니라 우리 지구 안에도 그것만큼이나 위험한 소행성을 지니고 있다. 우리가 왜 그런 위험을 감수해야 되냐?"는 것이었죠. 우리는 이것을 피하고 싶은데, 칼 세이건은 이미 죽었고, 여전히 우리는 핵의 위험이 도사리고 있죠.

원― 우리 힘이 너무 센 거죠. 우리가 가지고 있는 정신이나 어떤 인격적인 부분이나, 심지어는 스스로의 생존을 위한 수위에 비해서 인간의 힘이, 주먹의 힘이 너무 세져버린 거죠. 그래서 제대로 조화를 이루지 못한다면 조만간에 아주 위험할 수도 있고, 지금도 실제 위험하다고 봅니다.

원 — 다음 질문입니다. 이분은 네 개의 질문을 하셨는데요, 일단 질문 중에 세 개가 〈공룡 백만 년 똘이〉와 관련된 것입니다. "여기서 원시인과 공룡이 싸우는 장면이 나오는데, 실제로 원시인과 공룡은 활동하는 시기가 전혀 다르다고 하던데, 어떤가요?"

모 — 네, 아까 이야기했잖아요. 공룡은 12월 24일 날 멸종했고, 우리는 12월 31일 날에야 생겼으니까 같이 있을 수 없죠. 저는 교회 다니지만 진화 이론을 받아들이고, 또 아무런 거리낌 없이 이야기합니다. 진화론을 저는 가장 합리적인 이론으로 받아들여요. 그런데 같은 지층에서 삼엽충 화석과 암모나이트 화석이 같이 발견된다든지, 아니면 공룡 뱃속에서 사람이 나왔다면 저는 여태까지 내 삶을 이끌어온 진화론을 바로 그날로 버릴 수 있어요. 언제든지 준비는 되어 있습니다. 〈공룡 백만 년〉이란 영화가 있었어요. 태어나서 제일 첫 번째 본 영화가 그 영화였어요. 거기도 공룡과 인간이 같이 나오고 그래요. 아주 어릴 때였는데, 극장이 깜깜한데 공룡 우는 소리 때문에 저도 울고 그랬던 기억이 나요. 말도 안 되는 영화죠. 아름다운 여주인공만 빼고요. 그런데 사실 옛날 공룡 영화에 공룡만 나왔다면 재미없을 거예요. 요즘이야 공룡만으로도 재밌게 만들지만요. 옛날에 〈펭귄〉이란 영화가 있었죠. 아주 훌륭한 영화지만 사람이 안 나오니까 얼마나 재미없는지 몰라요. 공룡 영화도 공룡만 나오면 재미없을 거예요. 그러니까 사람들이 나오죠. 그러니까 자꾸 우리는 공룡과 사람이 같이 살았다고 생각하는데, 그러기에는 너무나도 큰 간격이 있어요. 만약 공룡이 살았다면 사람이 생길 수가 없었어요. 공룡이 멸종했으니까 그 공간에 아주 오랜 시간에 걸쳐서, 6,500

진화론 생물은 생활환경에 적응하면서 단순한 것으로부터 복잡한 것으로 진화하며, 생존경쟁에 적합한 것은 살아남고 그렇지 못한 것은 도태된다는 학설. 일반적으로 진화를 사실로서 확신시킨 것은 다윈의 진화론이다. 찰스 다윈은 1859년에 발표한 『종의 기원』에서 같은 종 안에 있는 개체는 그 형태와 생리에 두드러진 연속적 변이가 있으며, 이 변이는 기회가 있을 때마다 발생하고 유전하는 것과, 동식물의 개체들은 높은 번식력이 있지만 자원이 한정되어 있으므로, 환경에 맞는 개체들만 살아남아 같은 형질이 유전된다는 자연선택 이론을 발표했다. 이 진화론은 생물학과 과학에 지대한 영향을 미쳤을 뿐만 아니라 사회, 역사, 종교 등의 여러 방면에도 커다란 영향을 미쳤다. 그 이후의 과학적 검증을 통해서 진화론은 정설로의 위치를 공고히 했다.

만 년이 걸려서 우리가 이 자리에 나오게 됐습니다. 우리한테 사실 고마운 소행성이죠. 그 소행성이 없었으면 우리는 여전히 못 나왔을 거예요.

원 – 이거는 제가 궁금한 건데 만일 공룡이 멸종하지 않고 계속 진화해서 수학을 할 수 있는 지적인 능력이 있는 생명체가 되었을 가능성이 있을까요?

모 – 없다고 봅니다. 왜냐하면 공룡 훨씬 이전부터 있었던 악어가 여태까지 그 악어 그대로 있는 걸로 봐서는 그럴 가능성은 없는 것 같아요. 전혀 다른 생명체가 생겨야 되는 거지, 한 종이 오래 남아 있다고 해서 두뇌가 진화하는 건 아니죠.

원 – 자, 이분의 두 번째 질문이고요. "〈공룡 백만 년 돌이〉에는 백공룡 티라노사우루스가 나온답니다. 하얀 공룡. 실제 하얀 공룡이 존재할 수 있을까요?"

모 – 항상 그런 것 고민할 때는 지금 살아 있는 생명체를 가지고 따져보죠. 하얀 사자, 하얀 호랑이, 하얀 뱀, 얼마든지 있잖아요. 돌연변이 때문에 색소를 잃어버리는 거죠. 이런 것을 알비노 현상이라고 해요. 공룡이라고 그 왜 없었겠어요? 지금 백마가 있듯이 공룡 중에 하얀 공룡도 나왔을 거예요. 하얀 공룡이 있었다면 그 공룡이 약간 외톨이가 되었을 수도 있었겠지만, 우리가 보면 멋있었겠죠? 그런데 우리는 공룡 색깔을 사실 모르잖아요. 남아 있지 않으니까. 지금 공룡의 색깔 칠하는 것은 지금의 생명체들 생각하고, 이런 환경에 살았으면 이런 색깔이었을 것이라는 생각으로 칠하는 건데, 이건 합리적인 거거든요. 왜 하얀 공룡이 없었겠어요? 얼마든지 있었을 거라고 생각합니다.

원— 이분 다른 질문이 세 번째 질문은 제가 답변해도 될 것 같아요. "영화에서는 총을 쏴도 공룡이 죽지 않는데, 실제로도 총 가지고 죽일 수 없나요?"가 질문인데 그건 공룡에 따라 다르지 않을까요? 뭐 작은 공룡은 총으로도 죽을 수도 있을 것이고.

모— 큰 공룡도 총으로 죽을 수 있겠죠.

원— 총도 또 어떤 총이냐에 따라서.

돌연변이 돌연변이는 유전자의 갑작스러운 유전 가능한 변화를 이르는 말이다. 돌연변이는 DNA가 복제되는 과정에서 발생하는 오류로 인해 유전자 자체가 변형되는 유전자 돌연변이와, DNA의 염색체의 일부가 없어지거나 중복해서 복제되거나, 또는 뒤집히거나 자리바꿈을 해서 일어난다. 이런 돌연변이의 가능성은 지극히 낮고, 물론 반드시 좋은 방향으로 일어난다는 보장도 없다. 오히려 대부분의 돌연변이는 바람직하지 않지만 일부 돌연변이가 환경에 적응해서 자연선택을 받을 수는 있다. 하지만 돌연변이가 종의 변이의 유일한 방법은 아니다. 오히려 가장 유의미한 변이는 종 내부 또는 인근 종과의 유전자 교환에서 오는 것이 많다.

알비노 현상 유전자의 변이 때문에 멜라닌 색소가 결핍되어 피부나 털, 눈 등이 하얗게 변하는 현상을 말한다. 이는 동물 전반에서 볼 수 있으며 흰 쥐나 흰 토끼의 대부분이 알비노이다. 흰 토끼의 눈이 빨갛게 보이는 것은 멜라닌 색소가 없어 핏줄이 그대로 보이기 때문이다. 사람의 경우에도 이 현상이 부분적으로 또는 전면적으로 나타날 수 있다.

• 역사상 가장 큰 알을 낳은 코끼리새 •

모─ 결정적인 곳에 쏘면 얼마든지 죽을 수 있을 거예요. 영화 보면 창으로도 뭐 죽이던데요.

원─ 공룡 영화 참 많네요. 옛날에 심형래 씨의 〈티라노의 발톱〉을 보면 거기도 보면 사람하고 공룡하고 같이 나오고 그러잖아요.

모─ 예전에 공룡 영화 보니까 여주인공이 막 쫓기다가 커다란 알 속에서 깨어나요. 커다란 알에서 깨어나니까 공룡이 자기 새끼인 줄 알고 돌봐주죠. 또 다른 얘긴데 공룡 알이 이렇게 클 수 있느냐 하는 문제죠. 공룡 알이 제일 큰 것도 길이가 30센티미터 정도밖에 되지 않아요. 아무리 큰 공룡이라도 새끼는 작죠. 그 이유가 공룡 알이 커지려면 껍질이 두꺼워져야 해요. 그래야 구조를 유지할 수 있죠. 그런데 그렇게 두꺼워지면 알에서 산소도 투과할 수 없고 문제가 생기거든요. 공룡 알은 다 썩을 수밖에 없는 거예요. 그런데 어느 공룡 박물관이든 가면 커다란 알이 있어서 거기에 아이들이 들어가가지고 사진도 찍고 그러죠. 서대문자연사박물관도 커다란 알이 두 개 있어요. 네 명이 들어갈 수도 있거든요. 하지만 그런 알은 불가능한 거예요. 역사상 가장 큰 알은 마다가스카르에 살던 코끼리새의 알인데 17세기까지 살다가 멸종했어요. 이 새는 키가 타조의 두 배쯤 돼요. 그런데 키가 커지려면 다리가 두꺼워져야 하거든요. 17세기까지는 잘 살았는데 마다가스카르에 사람들이 들어가면서부터 순식간에 멸종되고 말았습니다. 그 알이 지금의 공룡 알의 두 배쯤 돼요. 제일 크거

코끼리새 코끼리새는 타조보다도 더 크고 무거운 새로 가장 큰 알(둘레 1미터, 지름이 30~40센티미터, 달걀의 200배의 부피)을 낳는 날지 못하는 새이다. 2,000년 전 인류가 마다가스카르에 정착했고, 코끼리새는 17세기에 멸종했다. 마다가스카르는 다른 대륙과의 교류가 없어 독립된 생태계를 갖는 특수한 환경으로 여기에 적응한 특별한 동물들이 나타났는데 코끼리새도 이들 가운데 하나이다.

든요. 그걸 보시려면 서대문자연사박물관 1층에 오시면 보실 수 있습니다. 저희가 완벽한 알을 가지고 있습니다.

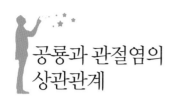

공룡과 관절염의
상관관계

원 네, 다음 질문입니다. "아까 나왔던 판게아, 초대륙이라는 이름만 들어봤는데, 예전에는 육상동물들이 하나의 대륙에 모여 살았나요? 뭐 하나밖에 없으니까 그렇지 않을까 싶고요. 그런데 판게아의 형성 원인을 혹시 아시면 말씀해주세요."

모 대륙판이 이동하기 때문이죠. 판이 이동하기 때문에 갈라지는데, 이동하다 보면 다시 뭉치기도 하겠죠. 중생대 중반까지도 판게아로 다 연결되어 있다고 했잖아요. 그러니까 땅이 하나예요. 땅이 하나니까 그 당시 살았던 공룡들은 전 세계적인 시민인 거예요. 그러니까 비슷한 공룡이 전 세계 이곳저곳에서 발견됩니다. 그런데 그다음부터 백악기 이후로 넘어가면 쪼개지다 보니까 곳곳에 다른 공룡들이 생기는 거죠. 원래는 한 종류였겠지만, 다른 종이 다른 곳에 생기면서 또 다른 친척이 되는 거예요.

• 모든 대륙이 합쳐진 초대륙, 판게아 •

그런데 생각해보면 판게아에 살았을 때는 공룡들이 살기 어려웠을 거라고 상상을 해요. 땅은 온도가 쉽게 올라갔다가 빨리 식는다 하잖아요. 온도 변화가 무척 심해요. 그러니까 커다란 땅덩어리는 공룡들에게는 가혹한 곳이죠. 지금 우리의 기후가 안정적인 것은 가까이 커다란 바다가 있기 때문인데 커다란 땅이면 온도 변화가 무척 심했겠죠. 판게아가 서로 떨어져 곳곳에 바다가있으니까 기후의 완충지대가 생겼겠죠. 훨씬 살기는 좋아졌을 거예요. 백악기말이 거의 지금과 비슷한 모습이거든요. 지금이 사실 지구의 기후로서는 가장 안정적인 거죠. 다시 2억 5,000만 년이 지나서 땅이 다시 합쳐진다고 가정하면 기후가 가혹한 걸 각오하셔야죠.

원― 지금도 러시아나 중국처럼 큰 대륙의 내륙은 겨울은 엄청 춥고, 여름엔 엄청 덥잖아요. 내륙이라 그렇거든요. 대륙이 하나로 되어 초대륙이 되면 바다가 먼 중앙부인 내륙이 많아지는 거죠. 그러면 생물이 견디기가 어려운 기후가 될 것이다 하는 얘기이고, 들어보니까 진짜 그런 것 같네요. 다음 질문입니다. "거대한 몸집에 비해 공룡이 다리가 앙상해 보이는데, 관절염에 안 걸렸을까요?"

모― 걸렸을 겁니다. 하지만 보통은 관절염에 걸리기 전에 뭐 잡아먹히든지 했겠죠. 공룡들이 암 걸렸다는 얘기는 못 들어보잖아요. 그 이유는 그 전에 죽기 때문이죠. 요즘 들어 갑자기 암 환자들이 많아지는 이유는 오래 살고 진단법이 발달했기 때문이거든요. 그런데 최근 들어 몇 년 사이에 암 환자의 생존율이 엄청나게 높아졌죠. 치료법은 별로 발전된 게 없어요. 치료법이 좋아져서 생존율이 높아진 게 아니라, 암 진단법이 좋아졌어요. 요즘은 위암 같은 것은 초초기에 발견을 해요. 그러니까 옛날 같으면 꽤 커진 다음에 발견했기 때문에 생존율이 낮았던 것이고 요즘은 초초기에 발견하니까 수술해서 아무런 문제 없이 살고 있는 거죠. 공룡이 관절염에 왜 안 걸렸겠어요? 오래 살았다면 걸렸을 겁니다. 그런데 조금이라도 약하면 잡아먹히니까 대체로 오래 살지 못했기 때문에 실제로는 그럴 확률이 거의 없는 거죠.

원— 다음 질문입니다. "육식공룡과 초식공룡끼리 짝짓기를 했나요?" 그렇지 않았겠죠? 하고 싶어도 못했겠죠?

모— 서로 마음만 통한다면 할 수 있었겠지만. 그런 공룡도 있지 않겠어요? 있었을 것 같기도 하네요. 짝짓기를 했다고 해서 번식을 할 수 있었다는 것은 아니고요.

원— 하긴 마음이 중요한 거죠.

모— 외따로 떨어져 둘만 있었으면 뭐 그럴 수도 있고, 그런 평화로운 세상이 잠깐 있었기를 바랍니다.

크면
잡아먹힌다

원— 다음 질문입니다. "공룡 멸망 후, 그다음 생명체인 포유류나 이런 것들은 공룡처럼 몸집이 크게 진화하지 않고 고만고만한 사이즈일까요?"

모— 고만고만한 사이즈는 아니었죠. 물론 공룡처럼 크지는 않았지만 많이 커졌습니다. 그런데 공룡이 커지기까지는 트라이아스기에 5,000만 년이란 시간이 있었단 말이에요. 그 5,000만 년 동안 훨씬 더 큰 파충류들도 있었거든요. 공룡은 중생대에 가서야 그만한 크기를 가졌어요. 그런데 사실 포유류는 그만큼의 시간이 없었어요. 그렇지만 시간이 한참 지나서 제일 큰 매머드까지 왔죠. 그런데 그 커다란 매머드를 그 조그만 인간들이 다 멸종을 시켰잖아요. 그러니까 더 커질 수 있는 기회를 갖지를 못했어요. 혹시 있었다 할지라도 가장 큰 놈이 있었다 하면 사람들이 가만

두겠어요?

원— 잡아먹어야 되는 거죠.

모— 잡아먹는 거죠. 공룡 같은 경우에는 에너지 효율성이 좋은 편이죠. 그래서 몸을 키울 수 있었지만, 포유류는 체온을 유지하는 데 어마어마하게 많은 에너지가 들어요. 그런데 몸을 더 키우면 감당이 안 되는 거죠. 포유류 자체가 항온동물이어서 영양 문제에서 보자면 큰 덩치가 손해인 거예요. 그래서 코끼리 같은 경우에도 어떻게 하면 열을 발산할 수 있을까 하는 게 문제가 되는 거잖아요. 몸집이 더 커지는 것이 진화에서 유리한 방법이 아니었죠.

원— 아, 그렇군요. 다음 질문이요. "생물에서 종을 나누는 기준 어차피 사람이 정한 것이기 때문에 나중에 수정이 될 수도 있는 것인지 궁금합니다."

모— 그럼요. 얼마든지 수정할 수 있죠. 실제로 곤충이나 식물 같은 것들 보면 나라마다 정하는 종이 달라요. 어떤 사람은 이것은

종 종species, 種은 생물의 종류라고 하는 것이다. 개체 사이에서 교배交配가 가능해서 번식할 수 있는 무리를 말한다. 그러나 사실은 반드시 이렇게 명쾌하게 선이 그어지는 않는다. 비슷한 종일지라도 일정한 차이가 있어서 두 종 사이의 중간형이나 잡종이 생기지 않더라도, 그중에는 상당한 형태 차이가 있으면서도 서로 교배하여 자손을 남기는 종도 있다. 또는 매우 비슷하며 겉으로는 거의 구별할 수 없지만, 생식적으로 떨어져서 교배할 수 없는 것들도 있다.

다른 종 이름을 붙이기도 하거든요. 학자끼리 통일이 되어 있지도 않고요. 그런데 지금은 종은 그런 이런 거잖아요. 예를 들자면 교배를 했는데, 그 자식끼리도 교배할 수 있어야 하죠. 노새는 말과 당나귀 사이에서 나온 겁니다. 말과 당나귀는 다른 종이에요. 왜 다른 종이냐 하면 이 사이에서 태어난 노새가 있는데, 노새끼리는 교배가 안 되기 때문이죠. 사람 같은 경우는 아프리카를 여행하다가 거기서 애를 하나 낳고, 또 누군가는 알래스카에서 애를 하나 낳았어요. 그런데 또 알래스카 아이랑 아프리카에 태어난 아이가 같은 부모인지 모른다면, 그들이 남미에서 사랑을 해도 애를 낳을 수 있는 거잖아요. 이걸 하나의 종이라고 하는 것인데, 그렇지 않은 경우도 또 많아요. 새 같은 것을 보면 사실 모호한 점이 있어요. 종이 분산됐다가 다시 합쳐지고 하는 식으로 관찰되는 부분들이 있거든요. 그래서 어떤 경우는 암컷 수컷도 잘 모르고 그래요. 고등 포유류 같은 경우에는 명확하긴 한데 다른 생명체에 가면 종을 나눌 때 좀 모호한 부분들이 사실 있어요.

원 ― 다른 질문입니다. "우리가 영화나 화보 등에서 실감나게 보는 공룡과 실제의 모습은 얼마나 비슷하다고 과학적으로 보장할 수 있을까요? 상상의 비중은 어느 정도일까요?"

모 ― 우리가 남아 있는 것은 뼈밖에 없죠. 뼈와 아주 일부 가죽에 문양 정도 남아 있거든요. 그런데 그걸 가지고 상상을 한 것인

• 암모나이트와 앵무조개 •

데, 아무것도 없는 속에서 상상을 하는 게 아니라, 어쨌거나 현재 살아 있는 생명체에 비추어 상상을 하기 때문에, 아마 상당히 접근했을 것 같아요. 그게 확실한지 아닌지는 타임머신을 타고 가보기 전까지는 모르는 건데, 지금 우리는 짐작밖에 할 수 없는 거죠. 다른 반증이나 주장이 없다면.

원― 자, 다음 질문입니다. "아까 삼엽충과 현존하는 <u>투구게</u>의 관계에 대해서 설명을 부탁드립니다."

모― 가장 유연한 관계라고 이야기를 하더라고요. 태백고생대자연사박물관에는 삼엽충 바로 옆에 투구게를 전시하고 있어요. 또 암모나이트하고 앵무조개가 관계가 있듯이 거기서 흘러나온 유연관계가 있다고 보는 거예요. 투구게는 서울에도 사립 수족관에 가면 볼 수 있더라고요.

원 — 태백고생대자연사박물관엔 살아 있는 투구게가 있나요?

모 — 살아 있는 투구게가 막 헤엄치고 있죠.

원 — 실제로 화석에서 DNA 추출이 가능한가요?

모 — 못하죠. 지금의 뼈밖에 남은 데서는 할 수가 없습니다.

원 — 이 화석은 사실은 동물 시체가 남아 있는 것이 아니라, 그게 뼈가 돌로 치환된 상태잖아요. 모양은 있지만 그냥 돌인 것이죠.

모 — 네, 돌이에요. 없고요. 최근에 매머드가 살아 있는 채로 발견돼서 혈액을 뽑았다고 한다고 그러죠.

원 — 황우석 박사가 복제한다고 그러기도 하고요.

모 — 살아 있으면 동물원에 전시하나요? 우리 서대문자연사박물관의 자랑인 진품 매머드가 있거든요. 그러면 살아 있는 게 있으면 박제해서 놔두면 근사할 것 같긴 해요.

원 — 그런데 그거는 지금 혈액이 어떻게 얼지도 않고 썩지도 않고

투구게 중국과 일본 남부 연안에 사는 몸길이 약 60센티미터의 절지동물이다. 고생대 캄브리아기의 삼엽충과 비슷한 유생기를 거치는 동물이기에 '살아 있는 화석'이라고 불리기도 한다. 몸은 머리와 가슴, 배, 꼬리의 세 부분으로 이루어졌으며 혈액은 성분상 거미류에 가깝다. 초여름부터 가을에 걸쳐 얕은 바다에 살고, 6월이 산란기이다. 갯지렁이나 갑각류, 조개 따위를 잡아먹는다. 유생은 삼엽충과 비슷한 형태에서 탈피하여 성체가 된다.

보존이 됐다 하는데, 이게 어떻게 가능한 건지 궁금하더라고요.

모 — 뭐 얼음 속에 그대로 잠겨 있었기 때문이죠. 그리고 발굴할 때도 기온이 낮아서 그 상태가 유지됐다고 하거든요. 여러 번 시도해보면 나올 수도 있지 않을까요. 일단은 기대는 해보죠. 궁금하잖아요.

바느질을 못해서
멸종되다

원─ 다음 질문입니다. "얼마 전, 일본 소설에서 차세대 인류가 발생하면, 현생인류에 대해 적대적인 입장을 취한다고 했는데, 어떻게 생각하시는 지 궁금합니다." 그 차세대 인류라는 것이 인류의 후손이나 다음 세대의 무슨 인류를 대신하는 종족이겠죠?

모─ 그『제노사이드』라는 소설을 말하는 거죠.

원─ 그게 일본 소설인가요?

모─『제노사이드』란 소설을 어제까지 읽었는데, 거기에는 갑자기 세 살짜리 꼬마가 어마어마한 천재성을 갖고 있어요. 그런데

제노사이드 일본 작가 다카노 가즈아키의 소설로 인류보다 진화한 새로운 생물이 나타나 인류 종말의 위협과 이를 둘러싼 음모를 추리 스릴러와 SF 기법을 통해 풀어나간 작품이다.

거기서는 별로 적대적이지 않더라고요. 왜 적대적일까요? 우리가 너무 잘못했기 때문에? 잘 모르겠어요. 우리가 바퀴벌레에 대해서는 적대적이지만, 사자나 기린한테는 적대적이지 않잖아요. 차세대 인류들도 우리에게 뭐 적대적이지 않을 수도 있지 않을까요?

원 ─ 그런데 한편으로는 크로마뇽인이 네안데르탈인을 멸종시켰다 하는 얘기도 있고 한데, 그런 식의 관점으로 보면 어떨까요?

모 ─ 멸종시킨 것 같지는 않고요, 둘은 같은 시기에 살았잖아요. 마지막 빙하기를 견디지 못한 것 같아요. 일단 언어능력이 조금

크로마뇽인 1898년 프랑스 남서부 베제르 강 근처에 있는 크로마뇽 동굴 유적에서 출토된 호모사피엔스에 속하는 신인류의 유골이다. 유럽 각지에서 비슷한 뼈가 많이 출토되어 프랑스 인류학자 J. L. A. 카트르파주가 이들을 통틀어 크로마뇽인이라는 이름을 붙였다. 큰 키에 머리가 크고 턱이 곧으며 이는 작으며 근육과 뼈가 발달했다. 그 뒤에 발견된 것으로는 유럽과 북아프리카 각지에 분포되어 있으며, 그 연대는 3만 5,000년에서 1만 년 전 사이이다.

네안데르탈인 1848년 지브롤터에서 처음으로 화석이 발견되었으나, 1856년에 독일 뒤셀도르프 근처의 네안데르탈 골짜기에서 두개골이 발견되어 네안데르탈인이란 이름을 얻었다. 10만 년 전부터 유럽과 서아시아에 살다가 약 3만 5,000년 전에 멸종한 것으로 추측하고 있다. 현재까지 약 30개 유적에서 50구가 넘게 발견되었으며 알프스의 빙하에서는 옷을 입은 채로 발견된 시신도 있다. 키는 약 160센티미터 정도이고 눈두덩이 튀어나왔다. 최근에는 호모사피엔스와 네안데르탈인이 교배를 해서 우리 안에 네안데르탈인의 유전자가 있다는 보고도 나오고 있다.

떨어졌고, 결정적으로는 바느질을 못했어요.

원 — 바느질을요?

모 — 호모사피엔스들은 그 당시에 바늘이라는 걸 만들었어요. 빙하기가 닥쳤는데 바느질을 해서 옷을 만들어 입었어요. 그러니까 두 팔과 두 다리가 자유로운 상태에서 추운 겨울을 버티면서 사냥을 할 수가 있었는데, 네안데르탈인은 바느질을 못하니까 가죽 같은 것을 대충 둘러엎어서 써야 하는 거죠. 그러니까 추위를 견디면서 사냥을 하기가 결정적으로 힘들었어요. 그래서 물론 다른 여러 가지 지능들도 떨어졌지만, 빙하기의 생활에서는 작은 바느질이 운명을 결정한 것이지요. 바느질을 하려면 우선 조그만 침에다가 구멍을 뚫어 바늘을 만들어야 하잖아요.

원 — 그 사람들은 그걸 못했나요?

모 — 저는 지금도 그걸 못하거든요.

원 — 뭐 비웃을 일은 아니네요.

모 — 그게 결정적인 차이였다고들 이야기하죠.

원 — 우리도 살다 보면 왜 유독 네안데르탈인같이 생긴 사람들도 있잖아요. 외관이 못났다는 게 아니고, 강하고 우락부락하게 무섭게 생기신 사람들이 있는데. 물론 저는 네안데르탈인을 본 건 아니지만. 아무래도 옛날 분들은 이마도 좀 더 튀어나오시고 울퉁불퉁한 얼굴 말이에요.

모 — 그런데 네안데르탈인은 우리랑 상당히 비슷해가지고, 설이

두 가지가 있는데, 옛날 사람들은 네안데르탈인은 정말 원시인
처럼 생겼다고 하는 사람도 있지만, 또 최근에는 네안데르탈인
을 연구하는 사람들이 네안데르탈인이 양복을 입혀놓고 뉴욕에
갖다놓으면, 사람들이 네안데르탈인인지 호모사피엔스인지 구
별 못할 것이다 하고 얘기하는 사람들이 요즘은 더 많은 지지를
받고 있는 것 같아요.

원─ 비슷하게 생겼을 수 있다, 우락부락할망정….

모─ 저희 자연사박물관에 <u>오스트랄로피테쿠스</u>부터 순서대로 인

오스트랄로피테쿠스 오스트랄로피테쿠스Australopithecus는 원인猿人의 단계에 속하는 초기의 인류이다. 1924년 남아프리카 요하네스버그의 해부학 교수 R. 다트가 채석장에서 출토된 어린아이의 두개골을 입수하여, 이것이 사람과 유인원의 연결 고리라 생각하고 '아프리카 남쪽의 원숭이'란 뜻의 오스트랄로피테쿠스 아프리카누스라고 이름을 붙였다. 그리고 루이스 리키 부부의 아들 리처드 리키 등도 동아프리카에서 오스트랄로피테쿠스의 화석을 여럿 발견했다. 오스트랄로피테쿠스는 서서 걸었으며, 뇌의 용량은 평균 500밀리리터 정도로 고릴라와 거의 같으며, 이빨이 크고 튼튼하다. 오스트랄로피테쿠스가 살던 연대는 대체로 300만 년 이전으로 추정하고 있다.

호모하빌리스 호모하빌리스Homo habilis는 250만년 전부터 170만년 전 사이에 아프리카에서 산 인류속에 속하는 고인류 화석으로 동아프리카와 남아프리카의 여러 유적지에서 발견되었다. 1959년 올두바이 협곡에서 루이스 리키의 아들인 조나단이 머리뼈 부분과 턱 및 손뼈를 발견하였다. 고인류학자인 루이스 리키가 손을 사용하는 사람이란 뜻으로 호모하빌리스란 이름을 붙였다. 호모하빌리스는 오스트랄로피테쿠스에 비해 머리 표면의 크기가 넓어졌으며 이마는 그리 많이 튀어나오지 않았다.

류들을 세워놨어요. 그 호모사피엔스 앞에서 사진을 찍은 적이 있거든요. 그런데 사람들은 저더러 위치가 잘못됐다고 <u>호모하빌리스</u> 앞에 서 있어야 하는 거 아니냐고 이야기하더라고요.

원— 사실 제가 살짝 고인류학에 관심이 있는데, 인간 화석이 발견된 게 정말 많지가 않아서, 그것이 정말 그 시대를 대변하는 모습인지, 아니면 특별히 작거나 이상한 화석이 발견된 것일 수도 있고, 이런 가능성이 있으니 정말 그 시절 사람들이 어떻게 생겼는지를 정의하기가 생각같이 쉬운 것 같지 않아요. 충분한 화석이 있어야 평균치를 낼 수가 있는데, 고인류학에서 인류가 그동안 발견한 인류 화석을 전부 다 모아도 조금 큰 테이블 하나 정도에 다 채울 정도라고 하거든요. 그 정도 분량으로 얘기를 하는 거니까, 앞으로 뭐 바뀔 여지도 많다고 봐야겠죠.

원숭이가
사람이 된 건 아니다

원— 자 마지막 질문인데요. 아주 귀엽게 질문을 하셔서 제가 마지막으로 남겨놨어요. "공룡은 어떻게 생겨나게 되었나요?" 우리 한 시간 동안 줄곧 했던 이야기 같기도 하고, 또 그다음 질문은 "사람은 어떻게 생겨나게 되었나요?"입니다. 우리 관장님께서는 여기에 대해서 통찰력 있는 대답을 또 해주시지 않을까 생각합니다.

모— 모르겠어요.

원— 이렇게 끝인가요?

모— 제가 어떻게 생겨나게 됐을까요? 정말로, 사람이 굳이 왜 생겼을까요?

원— 저한테 지금 답을 내라고요?

모— 그건 우리가 좀 생각해봐야 되겠는데, 사람이 굳이 왜 생겼

· 인류는 진화한다 ·

을까? 지구에 별로 이익이 되지 않는 것 같은데.

원― 그러게요. 지금으로 봐서는 확실히 그런데. 그런데 이제 사람 얘기가 나왔으니 말인데, 우리가 진화에서 사람과 사람 이전의 존재를 나누는 어떤 경계는 있잖아요.

모― 생긴 게 기본적으로 다르죠. 일단 구별할 때 다른 점이 대략 스무 가지 정도는 되는데, 확실히 보면, 눈두덩이 있잖아요. 눈두덩이 예전 인류들은 크고, 우리는 작죠. 그다음에 얼굴 각도가 이마에서 턱까지 우리는 수직인데 옛날 사람들은 여기까지 경사져 있죠. 그다음으로 뇌의 크기가 많이 달라졌어요. 그런 여러 특징들이 있어서 어금니 조각이나 조금만 뼛조각만 나온 것들도 호모사피엔스다, 오스트랄로피테쿠스다 하고 얘기할 수 있는 겁니다.

　강아지를 보면 강아지는 네발로 다니고 척추가 땅과 수평으로 길게 있고 머리는 그 끝에 대롱대롱 매달려 있어요. 머리가 커질 수가 없죠. 척추하고 뇌하고 연결되는 구멍을 '대후두공'이라고 하는데, 개는 대후두공이 제일 끝에 있어요. 두개골이 척추 끝에 대롱대롱 매달려 있죠. 그래서 두뇌가 커질 수가 없어요. 커지면 목이 부러지잖아요. 주먹으로 땅을 치고 다니는 침팬지는 이것이 두개골에서 약간 안쪽으로 들어가 있죠. 오스트랄로피테쿠스는 조금 더 안쪽에 있고, 북경원인도 포함되어 있는 '바로 선 인간'이란 뜻의 호모에렉투스 경우에는 대후두공이 두개골 밑바닥의 거의 가운데에 위치하고, 호모사피엔스 경우에는 한가운데에 있어요. 그러니까 척추가 똑바로 서 있을 수가 있고, 그 위에 두개골이 안정적으로 올라가 있으니까 뇌가 훨씬 더 커질 수가 있었던 거였죠.

호모에렉투스　호모에렉투스Homo Erectus는 '서 있는 사람'이란 뜻으로, 160만 년 전부터 25만 년 전까지 전 세계에서 살고 있었다. 1891년에 뒤부아에 의해 인도네시아의 자바 섬에서 자바인이라 불리는 최초의 호모에렉투스 화석이 발견되었으며, 이후 중국 북경원인, 아프리카 탄자니아의 올두바이의 아프리칸 트로푸스, 중국 남전의 남전원인 등에서 호모에렉투스의 화석이 발견되었다. 호모에렉투스의 신체는 현대인과 거의 비슷했고, 키는 150에서 160센티미터 정도였으며, 뼈가 크고 굵고 단단했다.

이런 식으로 구별을 할 수가 있는데, 이들끼리는 전혀 다른 종족이에요. 호모에렉투스하고 우리와는 상관없어요. 북경원인이 가까이 살았으니까 우리는 북경원인하고 친척이 아닐까 생각하는데, 전혀 상관이 없죠. 옛 인류는 다 멸종하고, 우리 호모사피엔스는 나중에 몇만 년 전에 아프리카에서 탈출을 한 거죠. 호모사피엔스 나오기 전에 아주 상당히 많은 곳에 다른 인류들이 있었어요. 다 사라지고 나서 호모사피엔스가 왔으니까, 사실은 호모사피엔스가 호모에렉투스인 북경원인을 본 적도 없는 거죠. 그러니까 중국 사람들이 북경원인이 자신들의 조상이라고 얘기하면 안 되는 거예요. 얼마 전에 중국에 갔더니 북경원인이 자신들의 조상이라고 그러는데, 자랑이 아닌데 왜 그러나 모르겠어요. 한반도에 살았던 구석기인들도 호모에렉투스였어요. 우리랑 상관 없는 사람들이죠.

원 ─ 우리가 어릴 때부터 잘못 알고 있는 것 중에 하나가 우리는 원숭이가 변해서 침팬지가 되고, 그 침팬지가 오스트랄로피테쿠스가 되고, 그게 호모에렉투스가 되고, 다시 네안데르탈인, 크

북경원인　북경원인Sinanthropus은 중국 베이징 시의 저우커우뎬周口店 석회암 동굴에서 발견된 호모에렉투스이다. 뇌의 용량은 약 1,000밀리리터 정도이고, 원시적인 석기를 사용했으며, 불을 사용한 흔적이 있다. 중국에서는 중국원인으로 부른다.

로마놓인이 된다고 생각하는데, 사실은 이렇게 많은 가지가 있어서 대부분은 멸종을 하고 마는 것이군요.

모 ─ 계속 가지를 쳐나가면서 변이가 생기고 옛날 것이 다 없어지는 거죠. 동물원에 있는 원숭이가 얼마나 있으면 사람이 될까 하고 물어보면 아이들은 100년, 500년, 1,000년, 하다가 누가 1억 년이라고 하면 거기서 끝나요. 가장 숫자가 크니까. 하지만 원숭이는 절대로 사람이 될 수가 없거든요. 원숭이나 달팽이나 지렁이나 사람이나 진화의 끄트머리에 와 있는 거예요. 이렇게 거꾸로 거슬러 올라가면, 공통조상을 만날 수가 있는 것이지, 지금 살고 있는 동물들은 다 맨 끝에 있는 거예요. 그러니까 제가 원숭이랑 비슷하게 생겼다고 해서 원숭이가 될 수는 것도 아니고. 또 호모에렉투스가 지금 있다고 해서 가만히 놔두면 호모사피엔스가 될 수 있는 것도 아닌 거죠.

원 ─ 그거죠. 쉽게 얘기할 때 원숭이가 우리의 조상이냐, 아니면 침팬지나 고릴라가 우리 조상이냐, 이런 식으로 생각을 하는데, 실제로는 그들이 우리의 조상이 아니고, 그들과 우리 사이에 공통조상이 존재하는 거죠. 단지 우리는 그들과 다른 식으로 발전해서 지금과 같은 존재가 되어 있는 거고, 침팬지는 거기서 분화되었지만 지금의 침팬지로 진화를 한 것이죠. 이게 사실은 우리가 혼동하기 쉬운 부분입니다. 시간이 오래 흘렀는데, 재밌는 얘기를 굉장히 많이 들었고요. 마지막으로 하실 말씀 있으면 하시죠.

모— 아까도 말씀드렸지만 저는 공룡을 전공한 사람이 아니고, 그냥 공룡을 좋아할 뿐이거든요. 그냥 최근의 논문들, 최근의 책을 많이 봤을 뿐이에요. 제가 한 얘기들 중에 틀린 얘기도 있을 것이고, 맞는다 하더라도 10년 있으면 다 바뀔 수 있는 이야기들이죠.

공룡 하면 사람들이 가장 질문을 많이 하는 게 공룡은 왜 멸종했는가 하는 것입니다. 그런데 우리가 공룡이 멸종한 이유가 궁금한 게 아니라, 사실은 공룡이 어떻게 살았는가가 궁금해야 하는 거잖아요. 우리는 어떻게 멸종될까를 고민하지 말고, 우리는 어떻게 살까를 같이 고민하면 좋겠죠. 자연사의 요체는 두 가지가 있거든요. 하나는 생태고, 하나는 진화에요. 생태라는 것은 지금 같은 시대 속에서의 생물을 보는 거고, 진화라는 것은 과거와 연결된 것이죠. 씨줄과 날줄로 이야기 할 수 있는데, 생태는 에너지의 흐름을 보는 것이고, 진화는 정보의 흐름을 보는 것입니다. 이 둘이 합쳐져야 생명을 제대로 보는 겁니다. 어떤 생명체를 이야기하기 위해서는 지금 그 생명체가 생존하고 있는 생태 속에서 어떻게 에너지의 흐름을 가져가고 있는가도 알아야 되고, 또 하나는 진화를 통해서 어떻게 정보가 이 생명체에 왔는가도 알아야 되는 거죠.

자연사박물관에 보면 항상 진화뿐만 아니라 생태 부분도 강조

해서 전시를 하고 있거든요. 그래서 오늘의 이야기는 다 기억하지 않아도 좋은데, 시청에서 단 2.5킬로미터밖에 안 떨어진 서대문자연사박물관 한번 오시면, 자기 눈으로 직접 보면서 다른 것을 느낄 수도 있을 것 같아요. 우리가 군이 1억 5,000만 년이나 지구를 지배하다가 6,500만 년 전에 갑자기 사라진 공룡보다, 지금 우리 주변에 살고 있는 다른 청개구리라든가 무슨 딱정벌레라든지 하는 것이 훨씬 더 우리에게 귀한 생명체일 수도 있거든요. 그래서 우리가 공룡에 가졌던 애정만큼 우리 주변에 살고 있는 생명체에 애정을 가졌으면 좋겠고, 그렇게 애정을 가지려면 또 진화라는 흐름을 알아야 되거든요.

원— 큰 힘에는 큰 책임이 따른다는 말이 있잖아요. 그런데 인간이 아직 그런 부분에 투철하지 못한 것 같아요. 자연사박물관에 가서 자연, 또는 생물에 대해서 생각하다 보면 어떤 답을 또 얻어갈 수 있지 않을까 생각합니다. 오늘 강의와 관련된 중요한 사진들은 페이스북 있거든요. "www.facebook.com/sciencewithpeople"이에요. 이쪽에 올려놓을 것이니까 한번 살펴보십시오. 아주 오랜 시간 열심히 말해주신 관장님께 감사합니다.

모— 감사합니다.

원— 그리고 재미있게 들어주고 질문하신 여러분들도 감사합니다.